L'ESPACE

N'EST T'IL PAS ?

NOTRE SALUT DE DEMAIN

NOTRE MAISON D'AUJOURD'HUI

ET

NOTRE RÊVE D'HIER

Mon amie la Lune

La lune est là !
Mais le Soleil, joue les méchants

La Lune
C'est la nuit, qu'elle brille normalement

Le Soleil
Brille de colère, et d'un feu ardemment

La Lune
L'éclipse, en passant devant

Le Soleil
Se couche, d'un air mécontent

La Lune
Lui sourit, et brille maintenant

Mon ami la Lune, dans tes bras je suis

Je cherche fortune, mais c'est toi ma vie

Aller emmène-moi, au bout de la nuit

Au bout de ma plume, ta lumière faiblie

Le Soleil et mort, mais fait de ton mieux

Même si je m'endors, éclair moi un peu

Jusqu'à l'aurore, on est tous les deux

Et revient me voir, au tant que tu veux

De Amandine 10 ans et   Bernard Jp Delattre

VOYAGE SPATIAL VISUEL

de B.J.P Delattre

Dessin de la Lune.

Dessins à la main de la Lune et d'objets célestes

INTRODUCTION 4

Dans ce livre, je vous invite à un merveilleux voyage visuel.
Voyage ! Que vous pouvez réaliser vous-même facilement, avec peu de moyens, grâce à des inventions parfois extrêmement moderne, comme certains logiciels telle que, "Google-Earth et Celestia" et bien d'autres encore.
Mais aussi ! Inventions parfois très anciennes, comme part exemple une simple petite Lunette ou une petite paire de Jumelle.

*

Mais toutes ces inventions souvent anciennes, raccorder avec un simple appareil photos ou une petite caméra moderne, que l'on surnomme " Webcam ! " Aujourd'hui ! Cela pourrait bien nous faire, qu'elles que jolis miracles et surprise de taille aussi.

*

Oui ! Nous nous en rendons très peu, voir même, pas du tout comptes ! Mais depuis l'invention de la Lunette par Galilée au XVI siècle, ils nous est permis maintenant, de voyager sans bouger, simplement grâce à notre vision.
Avant ! Les choses autour de nous n'étaient visibles, qu'à l'échelle de l'œil Humain. Mais avec toutes ces inventions que l'Humain a créées, tout à changer ! Et parfois même, sans que nous en comprenions toute la portée, nous continuons à vivre d'une façon, que l'on pourrait presque dire, archaïque !

*

Dans ce livre, je veux donc vous faire toucher un peu du doigt, cette formidable réalité.
Bien trop occuper à nos petites vacations ! Nous en oublions certaines choses et nous passons peut-être, à côté de l'essentiel, sans même nous en rendre compte.
Un peu d'ailleurs ! À la manière d'un automobiliste qui prit par la vitesse, ne vois même plus le merveilleux paysage qui l'entoure.

*

Grâce à ce livre, et j'espère ainsi ! Vous montrez qu'il est possible, de ralentir l'automobiliste que nous sommes.
Prendre un simple instant dans notre vie, pour admirer les choses qui nous entourent, facilement et sans effort particulier.
Je vais essayer de démontrer, qu'il est facile en partant de peu de chose ! C'est-à-dire de l'œil Humain qui est déjà bien en soit ? Pour arriver à des observations et des constatations souvent surprenantes et voir même, hallucinante !

*

Comme les marins d'autre fois, émerveiller de l'image de leur longue-vue, qui n'améliorez guère leur vue que de peu de chose ? Ayons la même sensation.
La sensation des grands explorateurs et des grands voyageurs d'autres fois.

*

Passer un agréable voyage et un bon vent dans l'espace.

L'Auteur.

PS: le Soleil égale DANGER ! Ne jamais le regarder, ni à l'œil nu et encore moins, dans un appareil optique, même avec de simple jumelle !
Renseigner vous et demander auprès d'un opticien, qui vous orientera.
Il existe par exemple, un appareil qui permet d'observer le Soleil et que l'on appelle, ''un coronographe'' pas très cher à l'achat.

VOYAGE SPATIAL VISUEL 5

Dessin de la plaine Lune, réalisée de la photo en fin de livre.

La plaine Lune blafarde, aime jouer à cache-cache ! Parmi les ruines et les châteaux.

VOYAGE SPATIAL VISUEL

On ne pouvait pas se permettre, de se lancer dans ce voyage spatial visuel, sans parler de celui qui en fut à l'origine.
Ce qui nous permettra d'ailleurs, de mieux en comprendre le sens.
Galilée donna la possibilité de voyager dans l'espace, grâce à sa merveilleuse invention qu'il surnomma lui-même, " Lunette Astronomique "
(alignement de deux lentilles dans un tube, celle prés de l'œil, servant de loupe)
Les objets vus à travers la Lunette, s'en trouvent ainsi, bien plus gros qu'à l'œil nu !
Mais vu que le diamètre des objets observaient, augment avec le carré de la distance ! Galilée avait sans se rendre compte ? Inventer une fantastique machine à voyager dans l'espace, aussi bien céleste d'ailleurs que terrestre et bien avant les premières fusées.
Oui en effet !
Ils faut savoir qu'une Lunette ou tout autres appareils optiques, a un grossissement donné.
Si nous prenons le cas, de toute petite Jumelle de théâtre ou de jumelle pour enfants, elles ont environs un grossissement, de quatre fois.
C'est-à-dire ! Qu'elle divise la distance par quatre, en nous montrent ainsi l'objet observait, telle qu'on le verrait à cette distance imaginaire, mais pourtant visible.
Par exemple :
Un objet observait dans ce genre de jumelle à 4 Km de distance, nous apparaîtrait qu'à 1Km !
Ainsi ! On imagine sans aucune difficulté, le bon de géant ! Que Galilée fit à l'Humanité, projetant sa vue dans l'espace à des distances phénoménales de la Terre ! Et étant devenue ainsi, sans se rendre compte ? Le premier Homme à voyager dans l'espace par la vue.
*
Galilée ébranla les certitudes du Monde en quelles instants, et en quelles que mois seulement, il révolutionna les sciences de la Terre entière.
Science ! Qui était établi souvent, depuis des millénaires déjà !
Galilée découvrit dans le ciel, ce qu'aucun autre homme avant lui n'avait jamais vu !
Les satellites de Jupiter, les cratères Lunaires, les anneaux de Saturne, le croissant de Vénus, etc... etc.. La liste serait encore longue et fastidieuse.
Ses découvertes, valurent à Galilée d'ailleurs, de gros problèmes avec les autorités de son époque.
Mais Galilée avait ouvert aux Humains la porte ! Celle du voyage spatial, la porte interdite !
Porte ! Qui ne se refermera jamais plus, et ce, grâce à lui.
*

VOYAGE SPATIAL VISUEL 7

Galilée, née le 15.02.1564 à Pise Italie

Étant devenue, le premier Homme à voyager dans l'espace par la vue !

Mais si vous le voulez bien maintenant ! Commençons notre voyage spatial enfin.
*
D'abord, commençons sur le plancher des vaches !
*
Si contre, un tout premier dessin réaliser à l'œil nu.
Ce dessin, veut avoir une certaine prétention quand même !
En effet !
Il aurait était trop simple de dessiner, un croissant de Lune, telle que le fond les enfants à l'école !
Bien que dessinée un croissant de Lune, n'est pas anodin en soit ?
Puisqu'il nous montre déjà, la phase en cour de la Lune ! Soit sont premier quartier, Ou soit son dernier quartier, croissant séparer sur la Lune, par une ligne d'ombre.
Cette ligne d'ombre, qui sépare le jour de la nuit sur la Lune, nous fait mieux comprendre, le jour et la nuit sur la terre.
Cette ligne d'ombre, avance doucement d'heure en heure, sur le relief Lunaire.
Elle est nettement visible avec une lunette !
Mais sur ce dessin, j'ai préférais attendre la plaine Lune, qui nous montre toute sa surface visible et ainsi les détailles.
*
Il faut savoir que le disque Lunaire à l'œil nu, n'est pas aussi grand que l'on pourrait le croire ?
Il ne mesure, qu'un demi-degré d'arc dans le ciel, soit 30 minutes de secondes d'arc.
Mais malgré tout ! On peut, vu la faible distance de la Lune "385.000 Km " y voir certaines choses déjà.
*
Sur le dessin si après, des taches sombres apparaissent.
Ces taches sombres, On les appelle, les Mers !
À l'œil nu ! Elles ne sont pas très distinctes entrent-elles ! Mais sur le dessin, on voit bien se détacher à droite, une petite tache ronde qui est appelée, la Mer des Crises !
*
En haut aussi ! On voit également une tache très allongée, qui est la Mer du Froid ou encore appeler aussi, la Mer du Nord, puisqu'elle se trouve au Nord de la Lune.
*
À gauche, on voit une immense tache, (l'œil, dit poché de la Lune !) et qui est appeler, l'Océan des Tempêtes.
L'Océans des Tempêtes, étant la Mer la plus vaste de la Lune.
Certains cratères y sont parfois perceptibles, comme le cratère Copernic ou Kepler.
Le cratère Tycho quant à lui et plus visible dans l'hémisphère Sud de la Lune.
Il est perceptible grâce à ses rayons, que l'on peut apercevoir facilement parfois !
Mais n'oublions pas quand même ! Qu'au moyen-âge avant Galilée, les cratères et les montagnes, n'étaient pas encore connus ! Puisque qu'ils n'avaient pas encore était observer.
Donc, à cette époque, on y voyait que des Mers ou du moins ! Ce que l'on prenait pour des Mers ou des Océans.

VOYAGE SPATIAL VISUEL 9

La Lune vue a l'œil nue.

Au moyenne-âge, on y voyait que des Mers ou du moins ! Ce que l'ont prenait, pour des Mers !

VOYAGE SPATIAL VISUEL

Enfin et ensemble ! Nous décollons de notre bonne vieille Terre, et avons sorti notre petite paire de jumelle de plage.
*
Elles nous paraissent très légères, voire même, insignifiantes ces petites jumelles ? Pourtant ! Nous tenons dans notre main, une formidable machine à voyager dans l'espace, par la vue.
*
Comme sur le dessin de la page suivante, nos petites jumelles ne grossissent que quatre fois ! C'est peu !
Mais quand nous les pointons vers la Lune, vue la distance de cette dernière qui est de "385.000Km" tout change !
Oui !
Grâce aux grossissements de nos petites jumelles, nous avons divisé la distance de la Lune, par quatre !
Donc ! Nous regardons la Lune, comme si nous la voyons seulement ! Qu'à 96.000 Km de distance.
Nous avons donc fait sans nous rendre compte et sans bouger nos pieds ! Un bon dans l'espace de 289.000 Km.
*
D'ailleurs ! Il est facile du premier coup d'œil, de voir la grande différence, avec le dessin de la Lune vue à l'œil nue, de la page précédente.
*
Dans notre dessin, nous ne sommes donc plus qu'à 96.000Km de sa surface.
Nous voyons déjà de nombreux détailles apparaître, tout comme Galilée le constata par lui-même, il y a plus de quatre cent ans ! Avec sa petite Lunette, qui ne grossissait guère d'ailleurs plus, que nos petites jumelles d'aujourd'hui !
*
Dans nos petites jumelles, les contours des Mers deviennent bien nets, les plus grosses montagnes telles que les Apennins, deviennent visibles ! Certains cratères, deviennent visibles en tant que telles.
Des petites Mers invisibles à l'œil nu ! Les Mers des Humeurs, Nuées et Nectar, deviennent soudainement et très nettement visibles aussi.
*
Mais nous verrons la sélénographie Lunaire, plus en détaille dans les pages suivantes.
Car dans notre voyage spatial, un petit problème va se faire rapidement sentir !
Comme nous le montre si bien, le dessin de la page suivante.

VOYAGE SPATIAL VISUEL 11

La Lune vue aux jumelles.

D'ailleurs, il est facile du premiers coup d'œil ! De voir la grande différence, avec le dessin précédent.

VOYAGE SPATIAL VISUEL 12

Dans notre voyage spatial qui continue, nous avons donc laissé nos jumelles de côté et avons pris, une petite Lunette.
La Lune est relativement petite à l'œil nu ! Mais grossi très rapidement dans une petite Lunette.
Mais si l'on prend un grossissement trop fort ! La Lune va déborder du champ de vision et nous n'en verrons plus, qu'une toute petite partie.
*
En général ! Le grossissement maximal, pour avoir la Lune entière dans notre Lunette, est égal à son diamètre.
Soit, le maximum de 60 fois, pour une Lunette de 60 mm de diamètre.
Mais pour le dessin, nous voyons comme si après, que l'image observée s'est énormément élargie !
Il devient très difficile de dessiner autant de détails, voir même impossible ! La preuve.
*
C'est pourquoi ! Nous allons voir dans les dessins qui vont suivre, le ciblage par zone Lunaire.
Ciblage qui est bien préférentiel, que de vouloir tout dessiné en une seule fois ?
Sur tout ! Que tout ce que vous ne pourrez pas le faire en un soir, vous pourrez le faire une prochaine fois, car la Lune reviendra vous rendre visite, soyers en certain !
*
Sur le dessin, notre chère amie, la Lune ! À un grossissement de 50 fois.
Cela ! Pour la garder entière, dans le champ de vision de la Lunette.
Ce qui nous fait un point de vue de distance de sa surface, d'exactement 7700 Km !
Nous avons donc fait presque le voyage Terre-Lune , sans bouger nos pieds de la Terre ! Et nous nous rapprochons, de la satellisation de cette dernière.
*
Pour le ciblage que nous allons faire, on peut prendre un petit télescope, ou garder notre petite Lunette.
Car pour l'observation Planétaire et Lunaire, les petites Lunettes, supportent très bien les forts grossissements.
On peut doubler voir même triplé, sans aucun problème ! Le grossissement par apport au diamètre de la Lunette.
Soit pour 60 mm de diamètre, un grossissement de 120 fois (donc, le double !) et même 180 fois pour le triple, ce qui est vraiment maximal.

VOYAGE SPATIAL VISUEL 13

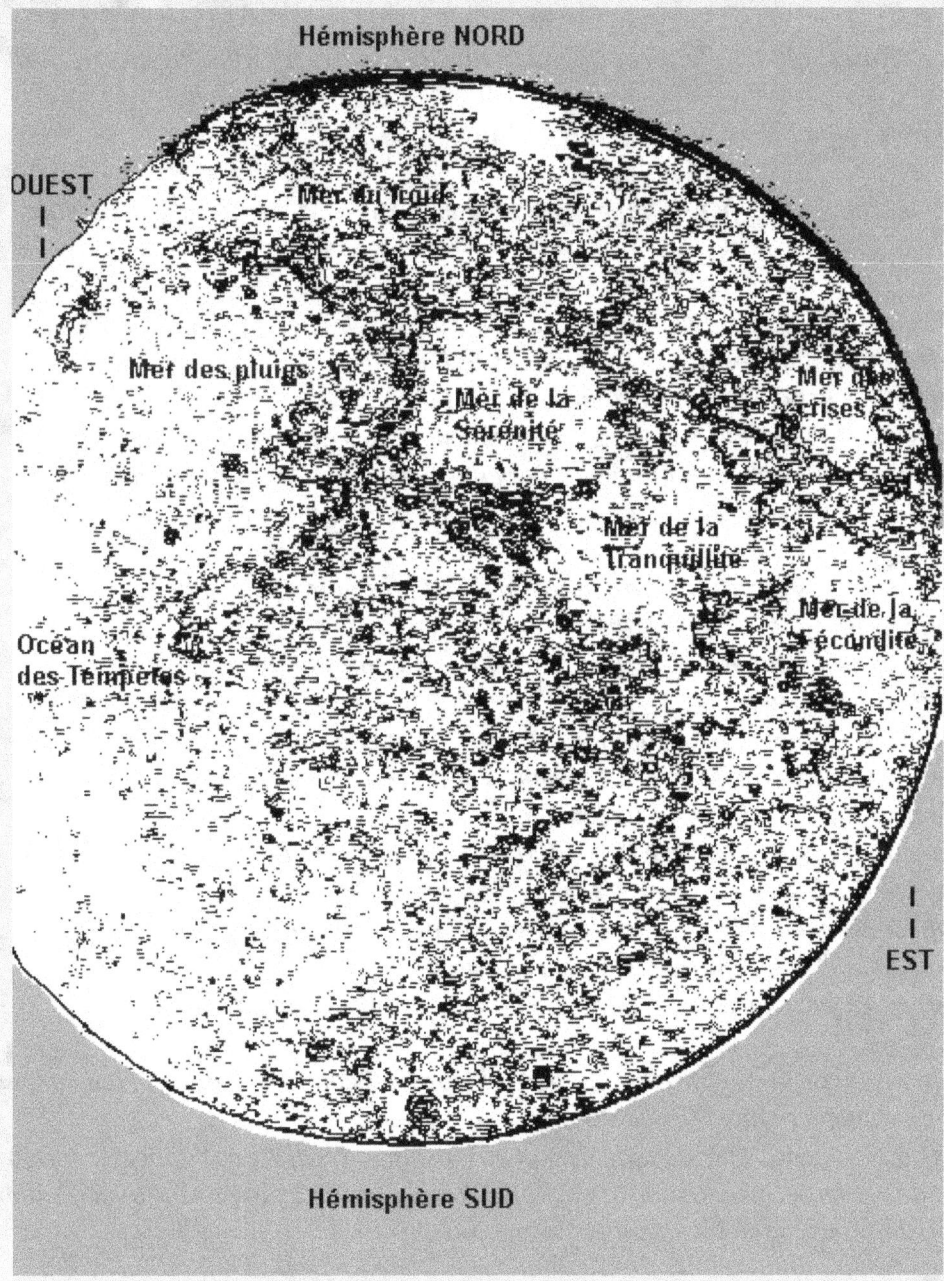

La Lune vue dans une petite Lunette.

Il devient très difficile, de dessiner autant de détail, voir même impossible !

VOYAGE SPATIAL VISUEL 14

Ici, nous commençons le ciblage, de certaines zones de la Lune.
*

Golf de la Rosée, qui d'ailleurs et indiquer sur le croquis en Latin, petite erreur de ma part !
''Je trouve le nom bien plus joli, en Français !''
*

Ce golf, se trouve dans le prolongement de la mer du Nord, en direction du Nord-Ouest de la Lune.
*

Ce dessin a l'originalité, d'avoir était dessiner dans son cadre ! C'est-à-dire, que le cercle dessiné, en fait, est l'objectif vu dans la Lunette.
Donc, le noir que nous voyons est le ciel, et le blanc est la surface Lunaire.
C'est original ! Mais cela peut-être trompeur, pour des gens peu habitués.
En fin de compte ! Si cela était une photo, elle serait carrée et il n'y aurait pas de cadre rond autour, sauf ! Dans une prise de vue grand-champ évidemment.
*

Le dessin peu nous paraître, à première vue, insignifiant et même dérisoire ! Mais se serait une grosse erreur de le croire ?
Déjà, le grossissement et de 125 fois ! Soit une distance de la Lune, de 3000Km seulement de sa surface.
Sans se rendre compte ! Nous approchons de l'orbite de satellisation, de la cabine spatiale d'Apollo XI "Les premiers Hommes sur la Lune" qui Tournait autour d'elle, à seulement 2286Km d'altitude exactement.
Ils nous manquent donc, qu'environs 700km, pour êtres à la hauteur de la cabine spatiale Apollo XI.
On imagine aisément ! Si nous prolongions mentalement sur le dessin, la ligne d'horizon de la Lune, l'énorme disque que cela nous ferait ?
On pourrait en faire aisément, un grand poster sur notre mur, c'est sûr !
*

Remarquons aussi, les petites montagnes à l'Horizon, éclairées par le Soleil rasant.
Éclairage changeant aux files des Heures qui passent.
Je crois sincèrement ! Que chaque dessin aussi sobre soit-il ! Peut apporter un grand nombre de renseignements, non-négligeable à l'observateur, et nous allons d'ailleurs en avoirs la preuve, dans l'agrandissement suivant.
*

VOYAGE SPATIAL VISUEL 15

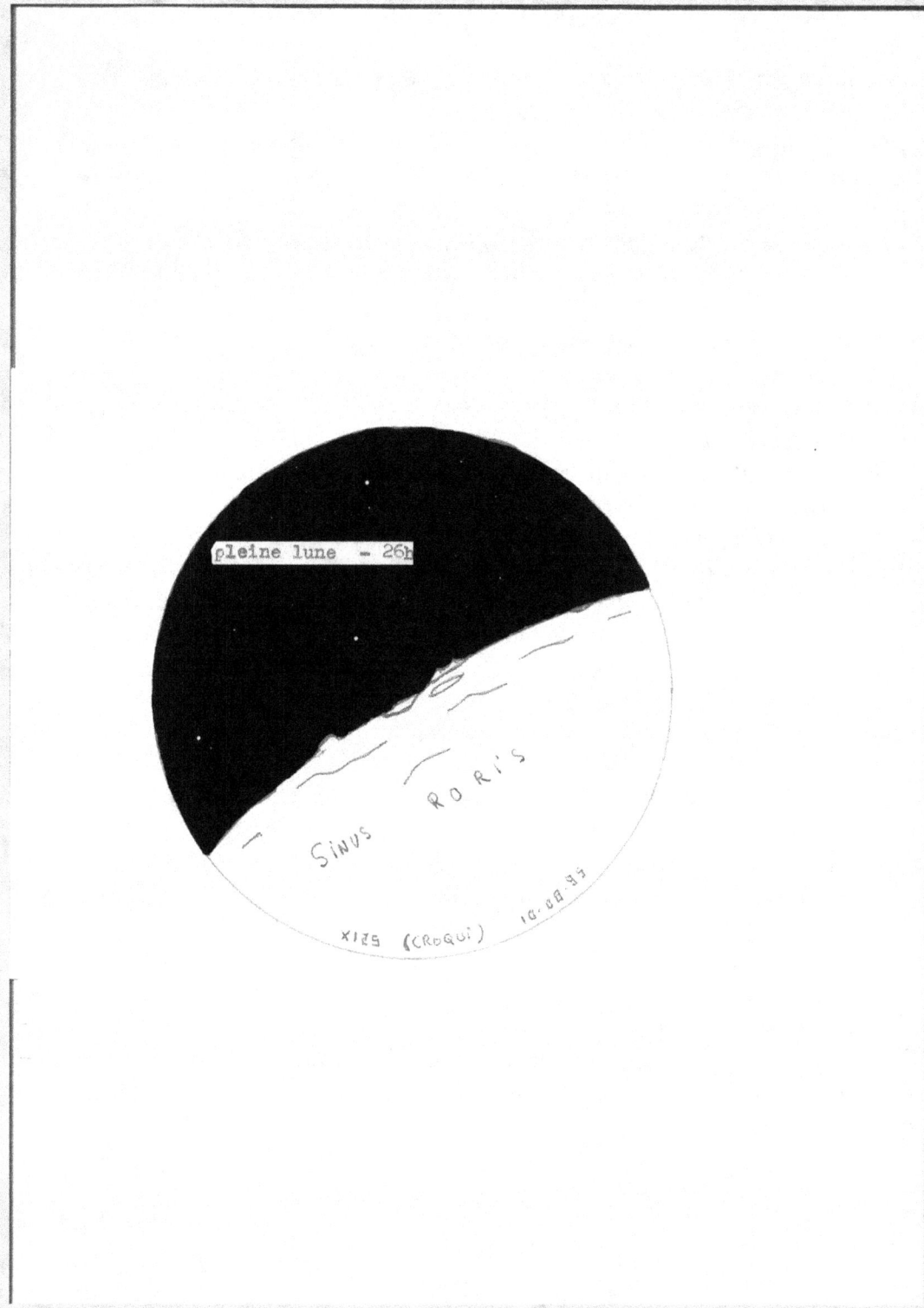

La Lune par ciblages de zones.

Remarquons aussi ! Les petites montagnes à l'horizon, éclairées par le Soleil rasant.

VOYAGE SPATIAL VISUEL 16

Les agrandissements fait à l'ordinateur, sons toujours très impressionnant !
L'image si contre, par apport à la précédente, en est un bel exemple !
*

Elle a était agrandie 4 fois, avec un simple logicielle photo que l'on trouve, sur n'importe qu'elle ordinateurs.
De plus ! Les images fait à la main, sons toujours moins fidèle, que ceux réalisé par des photos, mais elles ont un avantage sur ces dernières ! Car elles peuvent être agrandies pratiquement, autant de fois que l'on veut.
Chose que l'on ne peut pas faire avec une photo, et ce, à cause du pixel de la photo.
Mais n'oublions pas quand même, que la photo reste le reliquat parfait, de l'image observé.
Que voulez-vous ! On ne peut pas tout avoir dans la vie ?
*

Toujours est-il, que les détails sur les petites montagnes de l'Horizon Lunaire, deviennent bien visibles.
Détailles presque impossibles à voir, sur le dessin précédent, ce qui est assez rare, il faut bien le dire ! Sur un dessin à main lever.
Normalement ! L'agrandissement sur un dessin, ne montre pas plus de détail.
Il ne peut pas faire augmenter, le nombre de détails de l'image, c'est tous bonnement impossible ! Ou à moins de dessiner au moment de l'observation avec une loupe !
Chose, que je ne me risquerais pas à faire et que je n'ai jamais fait, et ne ferais sûrement pas ! Car il est déjà assez difficile, de dessiner ce que l'on voit dans des jumelles, Lunette ou Télescope et d'en respecter au mieux, les dimensions observées.
C'est donc juste, une simple perception, mais cela reste assez impressionnant.
*

De plus ! Pour des petits appareils d'observation, la plupart du temps, il n'y a pas de suivie motorisé.
Ce qui fait que l'astre observé, fuis le champ visuel de l'appareil en permanence !
Ceci est dû simplement, à la rotation de la terre.
*

Et puis réaliser un dessin, prend bien plus de temps, qu'une simple photo ?
Des nuages ou d'autres interférences visuelles, peuvent rendre l'observation délicate.
Voir même, impossible dans certains cas !
C'est pourquoi ! Je pense que faire un dessin, sur des Astres en mouvement comme cela ! Est déjà un petit exploit en soit, mais que tout le monde, peu réalisé quand même.

VOYAGE SPATIAL VISUEL

Dessin agrandi à l'ordinateur.

Les agrandissements fait à l'ordinateur, sons toujours très impressionnant !

VOYAGE SPATIAL VISUEL

Océan des Tempêtes, région Aristarque.
*

Le dessin suivant est plutôt moyen, pour ne pas dire médiocre ?
*

Même s'il a était réaliser, avec un grossissement maximal de 165 fois,
ce qui nous place, qu'à 1200Km de la surface Lunaire, le dessin aurait pu être meilleur.
*

Surtout que ce dessin, aurait pu être fait, d'une cabine Apollo en orbite, autour de la Lune.
Mais je voulais montrer et démontrer, que ce n'est pas toujours chose aisé et facile !
De reproduire sur du papier, ce que l'on peut voir dans un appareil optique.
*

Qu'elles que problèmes d'ombres, sont bien visibles d'ailleurs !
Car les ombres dessinées, doivent toujours êtres dans le même sens, par apport à l'inclinaison et l'orientation du Soleil, et ne peu pas être en aucun cas, différent des uns des autres.
*

De plus, les cratères ne sont pas tous identifiés, ce qui n'est pas vraiment très professionnel de ma part''Bien qu'il faille dire aussi, que je ne le suis pas, professionnel !''
*

Le très noir, entre le cratère Aristarchus et Herobostus "noms Latin" est en fait, une faille Lunaire de la vallée Schröteri ! Et elle en fait le tour, jusqu'au cratère qui est marqué Freud ? Qui en passant, n'est pas le cratère Freud ! Cratère, qui doit se trouver normalement dans l'ombre et donc, pas encore éclairé.
Mais Paris ne s'est pas fait en un jour ! Comme dit, le proverbe.
*

Nous verrons aux fils des pages, l'amélioration très nette des dessins reproduits.
Noter au passage, que le Nord Lunaire ne se trouve pas en Haut du dessin ! Mais sur le côté gauche.
Je voulais garder ainsi des dimensions originales, pour ne pas déformer le dessin, au moment de la mise en page.
*

Mais continuons notre cheminement, si vous le voulez bien, sur notre amie la Lune.

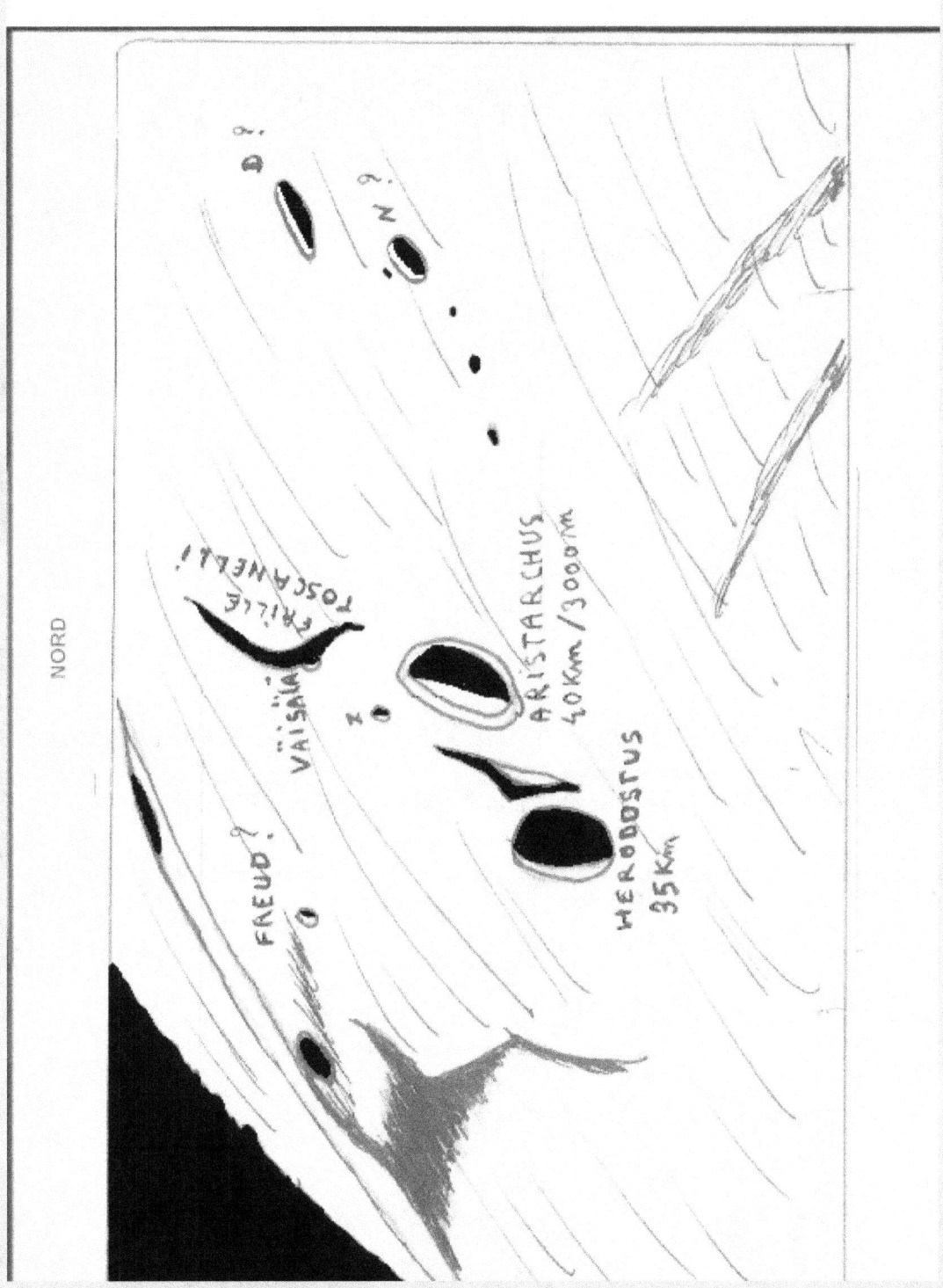

Océan des Tempêtes, région Aristarque.

Qu'elles que problèmes d'ombres sont visibles !

VOYAGE SPATIAL VISUEL

Là ! Sur ce dessin, nous commençons à apprécier notre voyage Spatial.
*

La perspective du dessin est-elle, que nous avons vraiment l'impression, de survoler la Lune !
*

La méthode est la même qu'à la page 12, j'ai dessiné l'image, t'elle que je la voyais, avec l'objectif dessiné autour.
*

Comme je l'ai dit, à faire attention ! Car certaines personnes peu habituées à ce genre d'image, pourraient croire que le rond dessiné, est en fait la Lune complète ?
*

C'est pourquoi, j'ai recadré le dessin dans la page suivante, pour qu'il n'y ait aucune ambiguïté, sur cette image.
*

Donc,
Je conseille plutôt de faire les dessins, sans le rond de l'objectif, que l'on peut voir à l'intérieur de l'appareil, surtout pour la Lune.
Cela me paraît peut-être moins carte postale ! Mais un peu plus sérieux.
*

Autrement, le dessin est plutôt bien détailler ! Avec le nom des cratères, ainsi, que le nom de la Mer la plus proche, ''l'Océan des Tempêtes'' (marquer encore en Latin !) et qui permet de localiser, le lieu observé, c'est-à-dire, le cratère ''Schlüter'' à l'Ouest de l'Océan des Tempêtes.
Cratère, qui se trouve sur le bord Ouest, de la surface visible de la Lune.
*

Le grossissement, reste toutefois le même, et le Nord de la Lune se trouve en Haut.

VOYAGE SPATIAL VISUEL 21

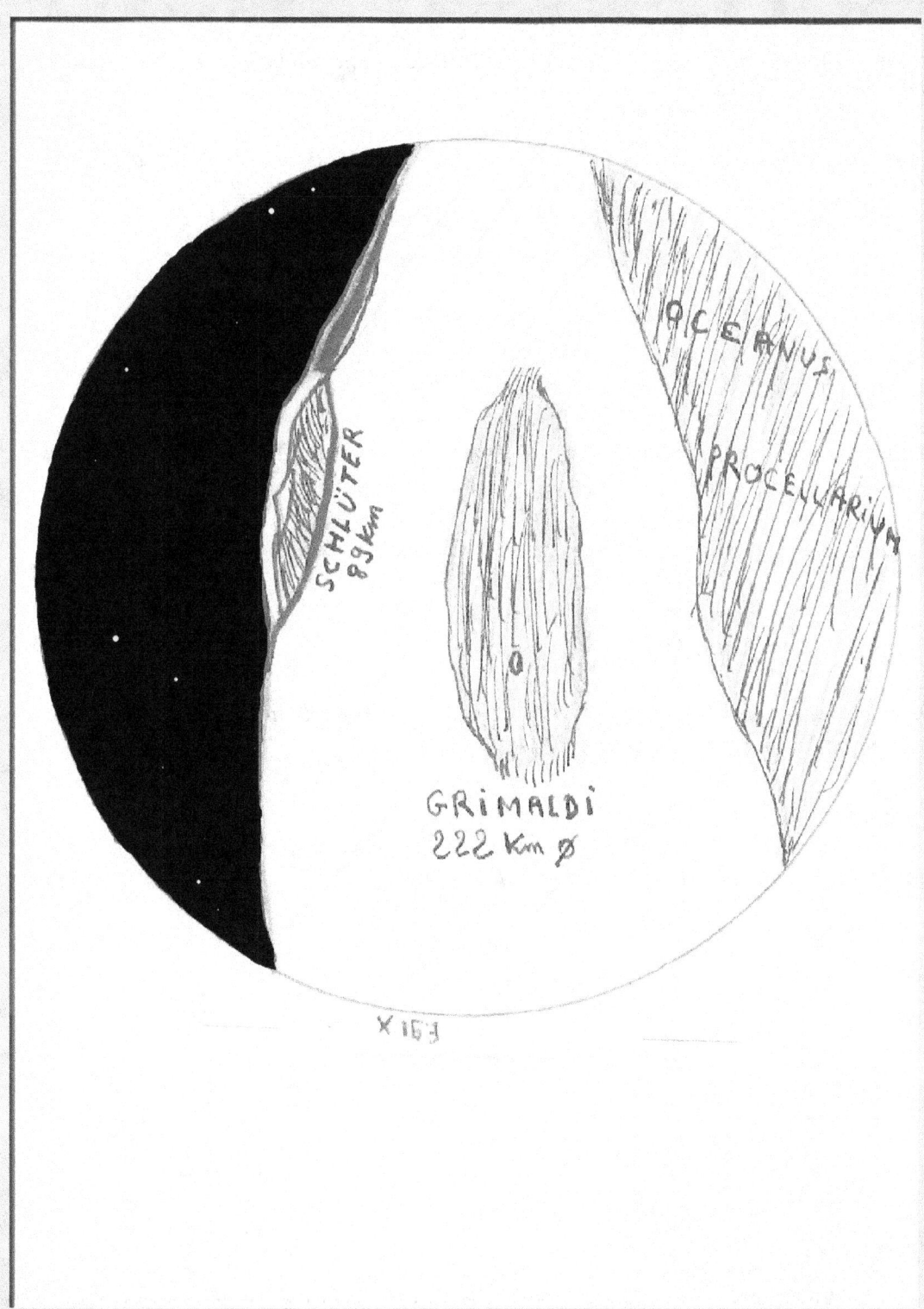

Le limbe Lunaire.

Les bords Lunaire dans un fort grossissement, sons toujours impressionnant !

VOYAGE SPATIAL VISUEL 22

Voilà !
J'ai supprimé le cercle dessiné de l'objectif,
et dans la foulée, j'ai agrandi l'image de 2 fois, ce qui ne gâche en rien, au plaisir de celle-ci !
*

Nous sommes donc, sur le bord Ouest de la Lune, à une distance visuelle, d'environs 1200Km !
*

Derrière, c'est la face cachée de celle-ci ! Face que seule peut aller voir, les engins spatiaux.
*

D'où l'intérêt des vols spatiaux, qui nous permettent de voir, ce que nous ne pourrons jamais voir, avec nos instruments depuis la Terre.
*

Mais il faut dire aussi ! Qu'avec le peu de moyens, don ces dessins, on était réalisés ?
On peut largement en êtres heureux quand même.
*

Sur le dessin, le pic central du cratère Schlüter et bien visible.
*

À vue d'œil ! Je dirais qu'il doit faire pas loin, de 20Km de diamètre !
Ce qui est relativement important, pour un pic central.
*

On peut y voir aussi, le mur d'enceinte du fond, (la muraille naturelle, qui entoure le cratère) et qui est bien éclairé part le Soleil.
*

Les très en grisés devant, sons le fond du cratère.
Le très noir en long et devant, étant le mur du côté, non éclairé de ce dernier, don l'ombre se projette légèrement, sur le fond du cratère.

VOYAGE SPATIAL VISUEL 23

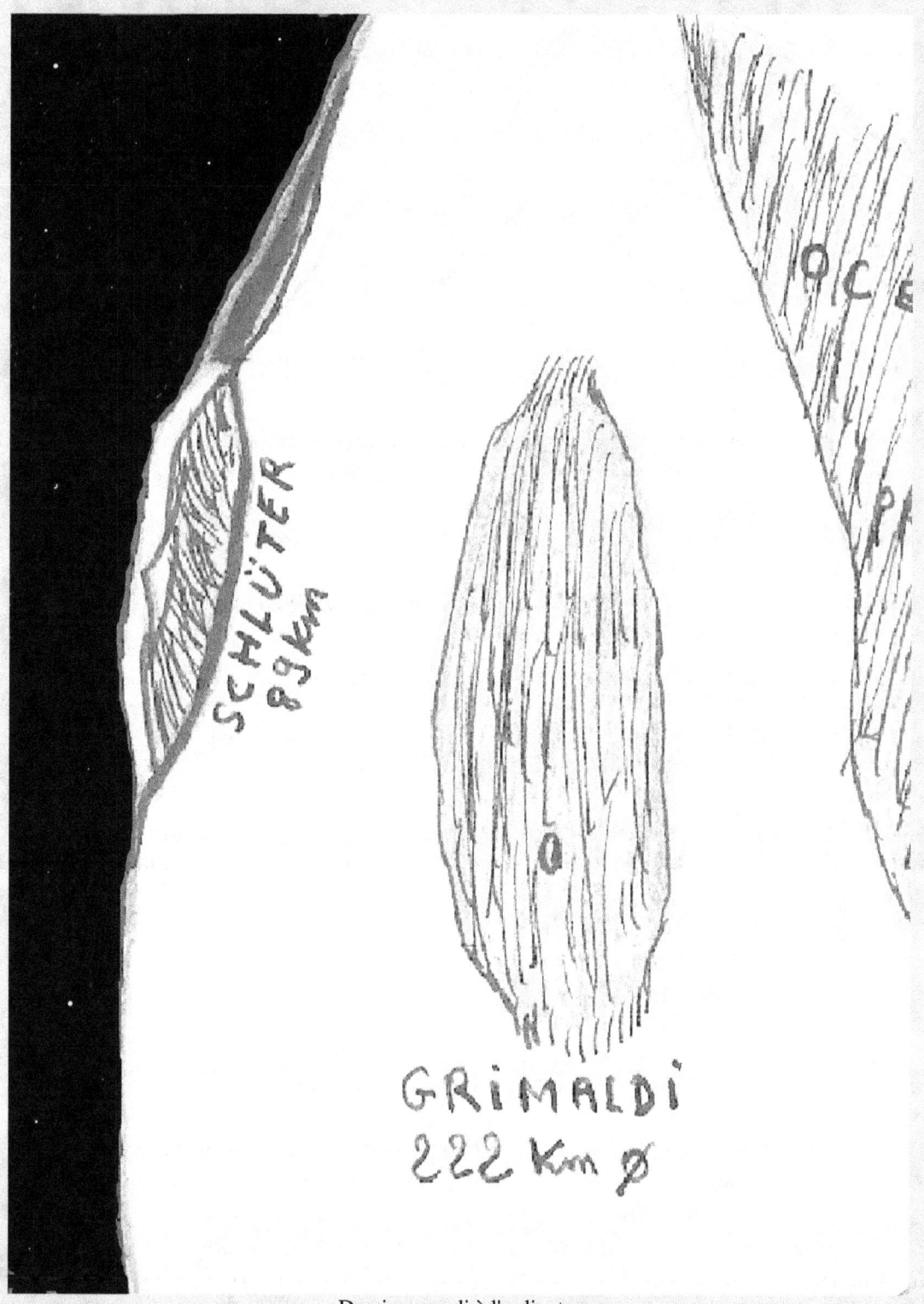

Dessin agrandi à l'ordinateur.

Les agrandissements fait à l'ordinateur, sons toujours impressionnant !

VOYAGE SPATIAL VISUEL 24

Nous survolons, un Cratère anonyme ??
*
Même si le pôle Nord de la Lune est en haut ! Je conseille, pour bien voir le relief du dessin, de tourner la page, et de le regarder à l'horizontale.
*
Le dessin est plutôt bien réalisé, malgré la complexité des montagnes, paressant dans le terminateur Lunaire.
*
Les dimensions ont l'air bien respecter aussi, ainsi que celle des ombres, porter sur la surface.
*
C'est un bon dessin !
*
Mais un énorme problème survient ! Et il est de taille ?
En effet ! Ce cratère a était dessiné, mais pas repérer sur une carte Lunaire.
Donc, la catastrophe en perspective ! Qui vient d'une grossière erreur de ma part.
*
Sur la Lune, il y a des milliers de Cratères, de toutes les formes et de toutes les grandeurs.
Il faut donc, repérer le cratère sur une carte, avant de vouloir le dessiner.
Autrement, on se retrouve vite avec le problème présent, et on regrette son étourderie.
*
Sur tout ! Qu'il faut bien comprendre ! Que l'éclairage du Soleil, modifie l'apparence des objets observés, telle que les cratères ou montagnes à la surface de la Lune.
*
Parfois, il peut être très difficile de retrouver sur une carte, ce genre d'objet, voir même impossible de le retrouver ?
Car sur notre carte, le cratère n'aura sûrement pas la même apparence, que sur notre dessin, selon l'éclairement du Soleil.
*
Tout le monde peut faire des erreurs dans la vie ! Le tout ! C'est de ne pas les recommencer.
*
Ce dessin peu trôné, dans le plus beau des albums photos ! Mais sur un plan scientifique ! Il ne vous servira pas à grand chose et voir même, à rien.
*
D'après ma petite enquête, si ce n'est, qu'il a était réaliser, sou un grossissement de 165 fois, d'un premier quartier de +65 Heure et que son nom serait Cassini ! Ou Gassendi ! Ou Cassendi ? Bref !
Pas de taille ! De hauteur ! De longueur ! De longitude ! De latitude ! Etc...!!
Rien quoi ?

VOYAGE SPATIAL VISUEL 25

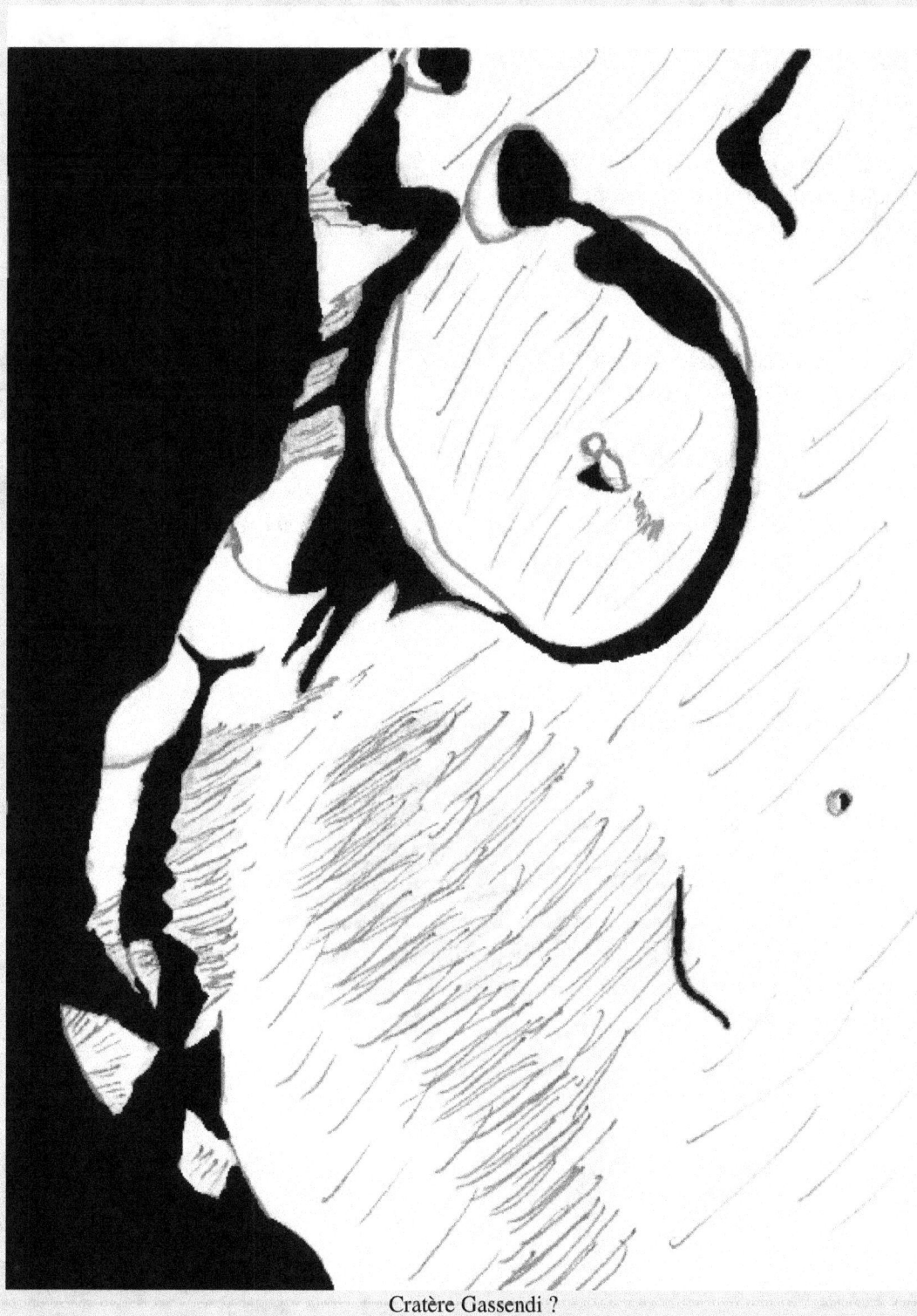

Cratère Gassendi ?

Il est dommage ! D'avoir un sérieux doute, de l'identité de l'objet observait !

Nous survolons maintenant, le Sud-Ouest Lunaire.
*
Même si le dessin est plutôt pauvre en détailles ! Il a l'avantage, d'être simple et bien proportionné.
*
*Les ombres projetées par le cratère, respectent bien l'éclairage du Soleil,
donnant ainsi, du relief au cratère.*
*Nous savons exactement, qu'elle cratère, nous observons, et dans quelle région
Lunaires.*
*Nous savons aussi, que nous sommes proches du limbe Lunaire, et que c'est la plaine
Lune - 42 heures,*
*Ce genre de dessin, peut être utilisé, pour de prochaines comparaisons avec d'autres
dessins, dans d'autres phases Lunaires.*
*
Il n'y a pas grand chose à dire, sur l'aspect du dessin !
Si ce n'est que l'on peut remarquer, l'absence de pic au milieu du cratère.
Mais ce si est un phénomène, qui peut s'observer dans de nombreux cratères.
*Ce phénomène et dû, au bombardement de météores intenses, qui exister autre fois
sur la Lune.*
*Quand la croûte Lunaire était encore très mince, le météore venait à percer la croûte,
en tombant sur la Lune.*
*Le cratère ainsi formé, se remplissait de lave en fusion, recouvrent souvent tout le
cratère, dons certains d'ailleurs ont presque disparu.*
*
Il faut dire aussi,
*Que pour former un cratère aussi grand, " 227 Km de longueur !" le météore en
question, devait être gigantesque !*
*
*D'ailleurs, il y a une théorie ou la Lune, aurais protégeait la Terre, à la manière d'un
bouclier géant !*
*Quand on voit tous ces cratères à la surface de la Lune, on n'en douterait sûrement
pas un seul instant !*

VOYAGE SPATIAL VISUEL 27

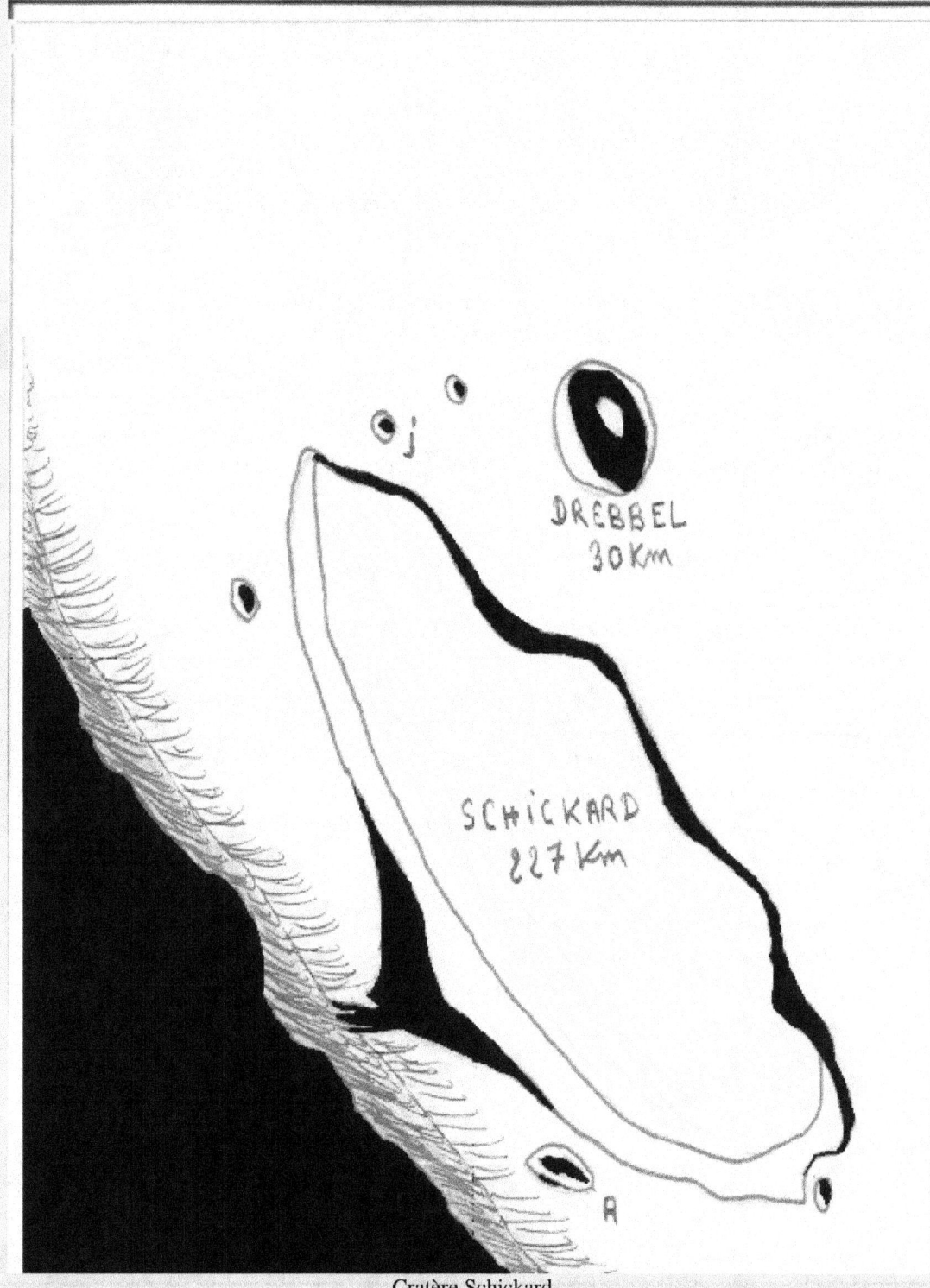

Cratère Schickard.

Un des plus grands cratère de la Lune ! Impressionnant !

VOYAGE SPATIAL VISUEL 28

Par ce dessin, nous allons en finir avec les cratères, avant de passer aux montagnes Lunaire, puis quitter la Lune, pour d'autres horizons.

*

Ici, nous sommes proches du limbe Lunaire.

*

Le cratère Phocylides est remarquable sur ce dessin !
Il faut dire aussi, qu'il est vraiment impressionnant, avec sont petit compagnon du nom de Nasmyth, projetant sons ombre gigantesque, sur la plaine du cratère, Phocylides. (Les très hachurer dans le cratère !)

*

Il vaut mieux inclinée le dessin de 45° sur la droite, pour avoir le sens exact, dans le qu'elle, le dessin fut dessiner au moment de l'observation.

*

Les très hachurer qui sembles jaillirent du noir, en bas du dessin, sont en fait !
L'endroit que l'on appelle " le Terminateur"
Terminateur ! Qui n'est pas le dernier film à la mode ! Projeter dans les salles de cinéma.

*

Le Terminateur Lunaire, est l'endroit de séparations, entre le jour et la nuit sur la Lune.
Jour, soit dit au passage, qui compte 28 jour ½ environs de temps Terrestre !
C'est ce que l'on appelle, la Lunaison.

*

Je disais donc,
que si vous vous trouviez, juste dans cette zone grisée et hachurer de la Lune,
vous vous retrouveriez, juste au moment du lever du Soleil à la surface de la Lune.
Pour faire plus clair ! Juste à cet endroit bien précis ! C'est l'Aurore d'un nouveau jour sur la Lune, tel qu'on le connait sur la Terre.

*

On remarquera aussi, une petite erreur sur le dessin ? Ou je marque "C ?"
Qui est en fait, le cratère Nasmyth.
Nom de cratère que j'ai dû retrouver, dans mes recherches plus tard.

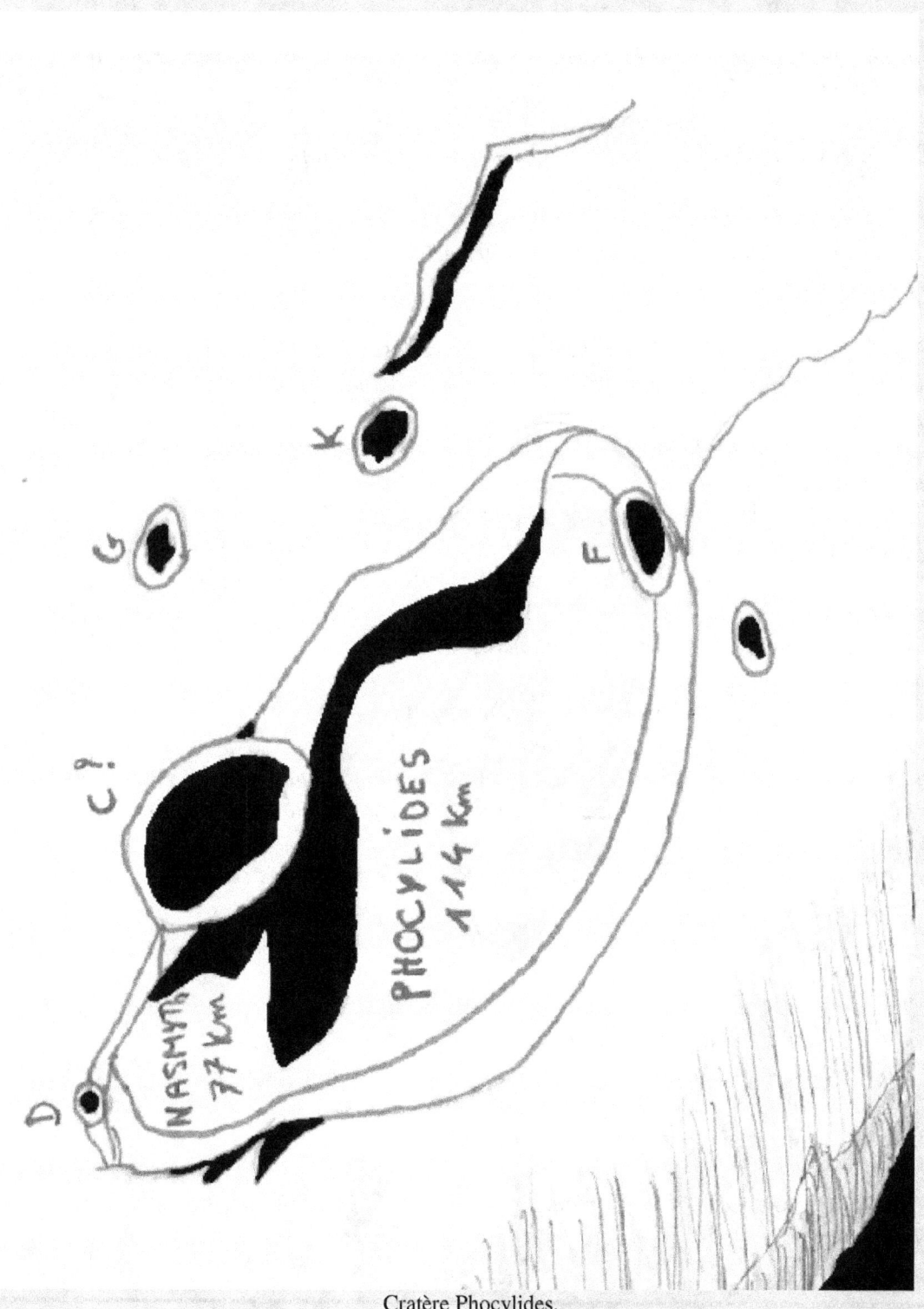

Cratère Phocylides.

La photo si dessus, se regarde en inclinant le dessin de 45° !

Avant de quitter la Lune, nous attaquons donc, les montagnes Lunaire.
*

Sur ce dessin, on peut voir les Apennins Lunaire, dont le nom, correspond à des montagnes sur la Terre.
*

Ce son des montagnes très hautes ! Qui peuvent être bien plus haute parfois ! Que sur la Terre.
*

Selon la phase Lunaire, les Apennins, sont parfois extraordinaires à voir dans un télescope, et sont bien visible aussi.
*

Déjà presque à l'œil nu, si on est un observateur attentif ! On peut les distinguer.
Ils sont visibles dans de toute petite lunette, sans aucun problème.
*

Sur le dessin, on voit le "Lacus Felicitatis" Ou en Français "Lac de la Félicité", qui est de petite portion de lave, remonter des entrailles de la Lune.
Les anciens les prenaient pour des petits lacs, remplis d'eau douce !
Il faut savoir quand 1880 ! Les gens sur la Terre croyaient encore, que la Lune était pourvue de Mers, comme sur la Terre ! Et ayant aussi, une atmosphère comparable à la nôtre.
Ils croyaient même ! Qu'ils y avaient des Habitants sur la Lune ! Et leur avaient donné le nom, de Sélénite.
Alors, qu'ils n'y avaient rien du tout, évidemment !
Ni habitants ! Ni arbre ! Ni eau ! Rien.
Il faudra attendre encore qu'elles qu'années, avec le fameux mythe des Martiens !
Pour que l'on oublie les Sélénites Lunaire ! Qui sera remplacés d'ailleurs, par les Martiens de Mars !
Martiens ! Qui sera remplacés à leur tour, quand le mythe des canaux s'effondra !
Par le mot, Extraterrestre !
Habitant venu du cosmos ! Et donc, en dehors de notre système Solaire.
*

L'homme à toujours reculer le mythe de la vie spatial, de plus en plus loin ! Mais la toujours garder présent au fond de lui.
Pour ma part, je pense qu'il n'y a pas de vie ailleurs et que même s'il y en avait une !
Qu'elle importance ? Puisqu'elle se trouverait si loin, qu'on ne la verrait jamais !
Mais ceci n'engage que moi et pas la majorité.
*

Mais il faut dire aussi, que l'homme supporte très mal la solitude, sur cette Terre.
Il à besoin de compagnie, et cela peut se comprendre et s'accepter aisément.

VOYAGE SPATIAL VISUEL

Les Apennins.

La photo si dessus, se regarde en inclinant le dessin de 45° !

VOYAGE SPATIAL VISUEL 32

Je crois que ce dessin-là, se passera de commentaire ?
*

Visuellement, il approche de la perfection !
*

Sur un plan technique, des remarques positives restent à faire,
Notamment :
Nous nous trouvons au centre de la Lune, légèrement plus vers son hémisphère Nord, que son hémisphère Sud.
*

Il y a trois cratères très connus en bas, et qui forme un triangle,
Archimedes, Aristillus et Autolycus.
*

Nous voyons aussi, une petite montagne toute seule qui est remarquable ! Et qui s'appelle, le Mon Piton !
'' Ne craignez rien ! Ce n'est pas un serpent, projetant sons ombre immense, sur la surface de la Lune.
*

Il est amusant également ! De voir quand haut, un des pics des montagnes s'appelle, comme sur la Terre ? Le Mont-blanc.
*

Et on peu voir aussi, les Alpes ! Comme sur la Terre également.
*

Autrement, c'est un très bon dessin, avec de nombreux détailles visibles.
*

Pour les observaient à la surface de la Lune, il vous faut attendre le premier quartier Lunaire, celui qu'on a plutôt l'habitude de voir le soir.

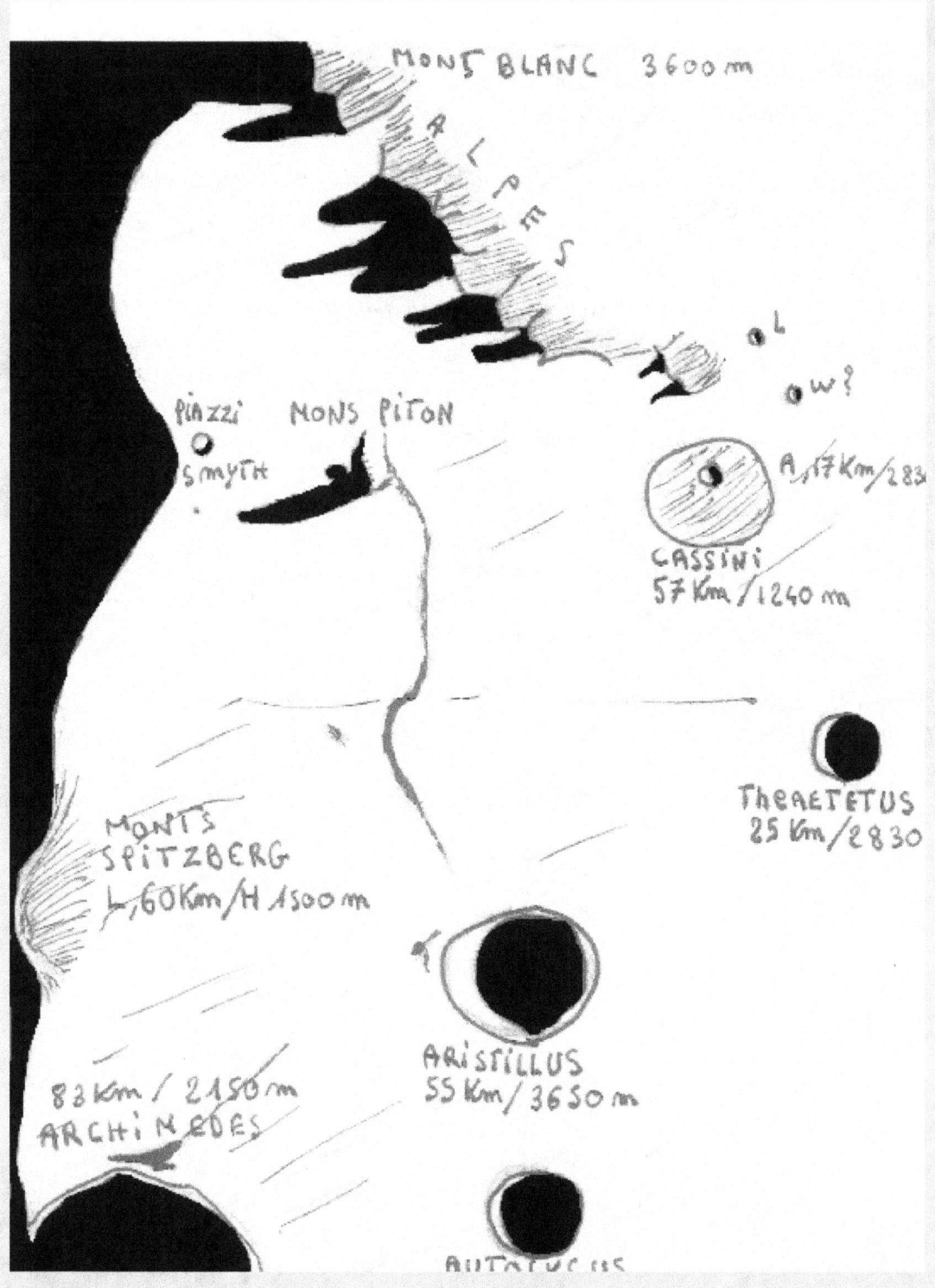

Les Alpes.

Le dessin est à la bonne échelle !

VOYAGE SPATIAL VISUEL 34

Allons-y !
Continuons notre voyage spatial, pour s'échapper de l'attraction Lunaire,
pour partir vers l'attraction Vénusienne.
*

Planète Vénus, dite étoile du berger.
Mais qui n'a rien à voir du tout ! Avec une étoile.
*

Dans une petite Lunette, Vénus se montre tantôt en croissant, tantôt sphérique,
et tantôt ovoïde aussi.
*

Ce qui intéressant sur ce croquis, c'est que celui du haut est enfin de compte,
trois dessins dessinés à différente date, que j'ai rassemblés en un seul.
*

Cela va du 01.02.1996 au 01.05.1996, de gauche à droite sur le croquis,
avec un grossissement de maximal de 125x, pour un diamètre de 50mm.
(lunette pour enfant ! Mais qui est proche de celle de Galilée)
*

On peut voir immédiatement sur le dessin, que Vénus se montre sous l'aspect d'un croissant.
Croissant, qui évolue avec le temps, tout comme la Lune d'ailleurs !
Ceci et la preuve que Vénus, est une planète Tellurique, et qu'elle se trouve donc,
dans une orbite intérieure, par apport à la Terre.
*

Autrement, au niveau des détails,
ils nous vaudraient d'avoir un gros télescope, pour espérer y voir ! Qu'elles que stries sombres à sa surface.
Preuve ! De son atmosphère très épaisse, qui ne laisse rien observer de sa surface.

VOYAGE SPATIAL VISUEL 35

VÉNUS

VOYAGE SPATIAL VISUEL 36

Si vous le voulez bien ? On s'évade cette fois si dans les planètes géantes ! Et on part en direction de Jupiter, la géante de notre système Solaire.

*

(Normalement ! Après la Lune et Vénus, cela aurait dû être le tour de Mars.
Mais dans une si petite Lunette ! Mars dessiné, ressemblerait simplement à une tête d'épingle, de couleur orangée et n'aurais aucun intérêt pour l'observation.
Alors, j'ai préférais la mettre en photo, tout en fin de livre, toujours avec une petite lunette, mais avec la magie de la Webcam, bien sûr !)

*

Quant à Jupiter dans une petite Lunette, elle ressemble à une petite boule lumineuse, entourée de quatre étoiles, et que son ses satellites.
Il est impossible ! Sous de fort grossissement, de garder ses mêmes satellites avec Jupiter, dans le champ de la Lunette.
Jupiter possède des bandes nuageuses équatoriales, qu'il est aisé de distinguer, dans une toute petite Lunette.

*

Mais en vérité ! L'espace et grand entre Jupiter et ses satellites.
D'ailleurs, une personne dotée d'une excellente vue, peut distinguer certain des satellites de Jupiter.
Mais il faut pour cela ! Essayer de cacher la planète, avec une feuille de papier sombre ou autre objet devant elle, un peu à la manière, d'un coronographe Solaire.

*

En tout cas, Jupiter est une planète très visible dans le ciel, et souvent et pratiquement, toute la nuit.
Elle est beaucoup plus facilement repérable, du premier coup d'œil dans les grandes villes, que dans nos campagnes ! Où le ciel se transforme souvent, en un tapi géant d'étoiles, qui se ressemblent les unes les autres, et où, il est donc pas toujours si facile que cela ! De repérer des planètes, dans toute cette multitude d'astres lumineux.

*

VOYAGE SPATIAL VISUEL 37

JUPITER et ses quatre satellites.

Elle ressemble à une petite boule lumineuse, entourée de quatre étoiles.

VOYAGE SPATIAL VISUEL 38

Reprenons donc, le cours de notre voyage.
*

On s'évade encore plus loin, dans notre système Solaire.
Et on part cette fois si ! En direction de Saturne, la merveilleuse planète aux anneaux.
*

Sur ce dessin de la planète Saturne,
on peut y voir très nettement, les anneaux de cette dernière.
*

Il faut savoir, que Saturne n'a rien à voir du tout ! Avec la Lune.
La distance n'est pas comparable avec la Lune, car elle se compte en Millions de Kilomètre !
*

Saturne est une immense planète gazeuse, entourer d'anneaux gigantesques !
Qui en fait ! Ne sons que des débris rocheux, qui tournent autour d'elle.
*

Il est très difficile, de dessiner Saturne dans un petit télescope.
Non seulement, le diamètre apparent de Saturne est très petit ! (qu'elles que dizaines de seconde d'arc !)
Mais sa luminosité (Magnitude) est très faible ?
De plus ! Saturne passe devant le champ de la Lunette, avec une vitesse incroyable !
Cela est dû, à la rotation de la Terre sur son axe, qui nous fait paraître le ciel tourné au-dessus de nos têtes.
*

Autrement ! Une petite constatation que l'on peut faire sur ce dessin :
C'est l'inclinaison des anneaux, qui change d'aspect, avec les années qui passent.
Ils ont un cycle bien précis ! Qui est équivalent au cycle de la rotation de saturne.
Rotation autour du Soleil et qui est d'environ, si ma mémoire et bonne ! De vingt-quatre ans.
*

Comme Jupiter, Saturne possède des bandes nuageuses équatoriales et polaires, mais qui vue, la distance de la planète à la Terre, reste pratiquement invisible, dans une petite Lunette.

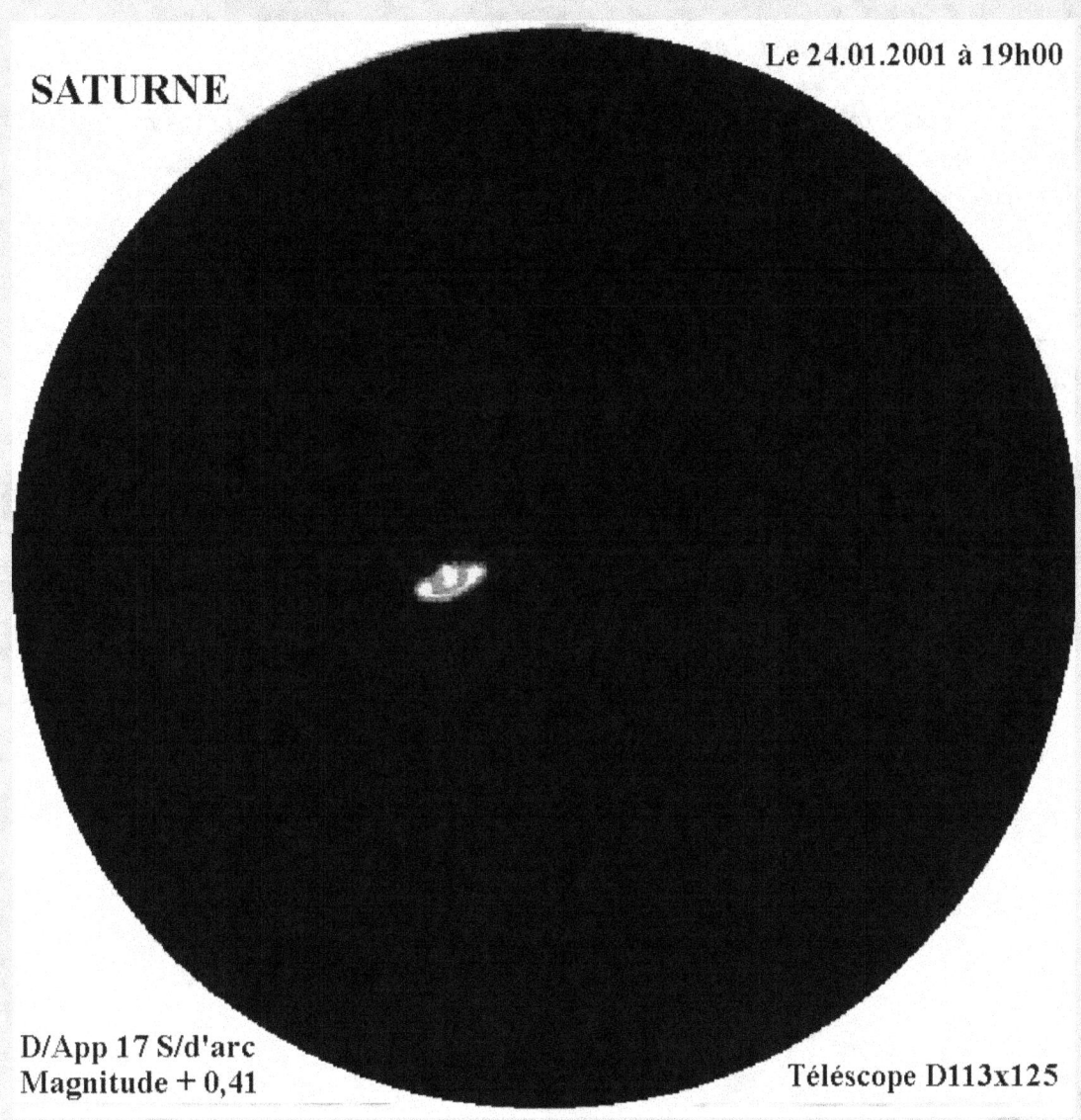

SATURNE

On distingue très nettement les anneaux !

Comète de Hale Bopp,
Le 21.03.1997 justes au-dessus de chez-moi !
*

Les Comètes ne sont pas si rares que cela à observer ? Ils nous faut juste savoir, leur moment de passage.
Un peu comme la comète de Halley, qui revient nous voir, tous les soixante-dix ans !
*

Je tiens à préciser, que le dessin a était fait à l'œil nu.
*

Les Comètes apparaissent sous une tache lumineuse, suivie d'une traînée, également lumineuse, plus ou moins longue.
Elles se déplacent, que très lentement dans le ciel, mais dans l'espace, elles sont pourvues d'une vitesse ! Bien plus grande que les planètes, d'où la fameuse peur ! De la collision avec la Terre.
*

Un programme spatial a était mit au point,
(Programme réalisé avec des engins spatiaux, style fusé à tête nucléaire)
Fusées pour faire dévier, l'éventualité d'une comète dangereuse, au cas où ! L'une d'entre elles, s'approcheraient un peu trop près, de notre bonne vielle Terre.
Programme prévu aussi pour les astéroïdes, qui sont tout aussi dangereux, pour la Terre.
*

Mais pas de panique !!
Notre satellite, la Lune, nous protège de ces dernières !
T'elle un bouclier géant, déployer dans l'espace, la Lune est notre amie.
*

VOYAGE SPATIAL VISUEL

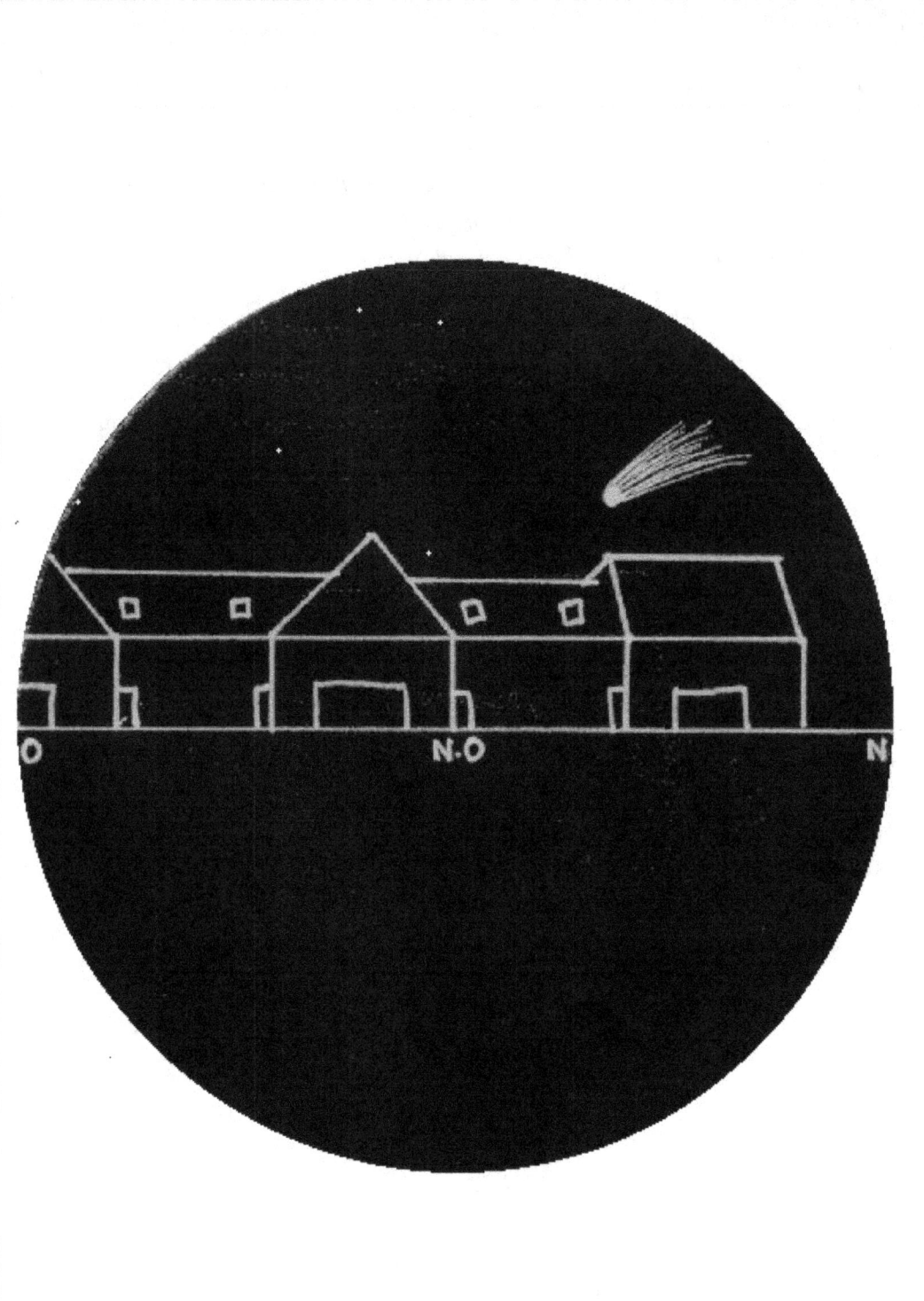

Comète Hale Bopp à Nangis

VOYAGE SPATIAL VISUEL 42

M57, Nébuleuse Planétaire de la Lyre.
*

Là ! Nous sortons de notre système Solaire et continuons donc, notre voyage.
*

M57 n'a rien à voir du tout ! Avec les planètes.
C'est une ancienne étoile qui à exploser, libérant dans l'espace au tour d'elle,
une quantité phénoménale de matière, de tout de sorte !
Mais la plus grande quantité, doit être l'hélium.
*

Cette explosion, a était observer par un Astronome du quinzième siècle, je crois ?
Sous le nom de Tycho Brahé.
*

Au moment de l'explosion, l'étoile était visible en plein jour ! Et cela, pendant
plusieurs mois.
*

Une étoile qui explose comme celle-ci, on appelle cela une Nova ! Et pour les plus
grosses étoiles, on les dénomme, Super Nova.
*

Au jour d'huis, seule l'étoile ou du moins, ce qu'il en reste ? Est visible en son centre.
Étoile qui est devenu, une étoile naine.
*

Il faut le préciser aussi, que l'anneau qui est visible au tour de l'étoile naine, est le
reliquat de son explosion, donc, de plusieurs siècles déjà ! (siècle de Tycho Brahé)
Et continu son expansion dans l'espace, indéfiniment.

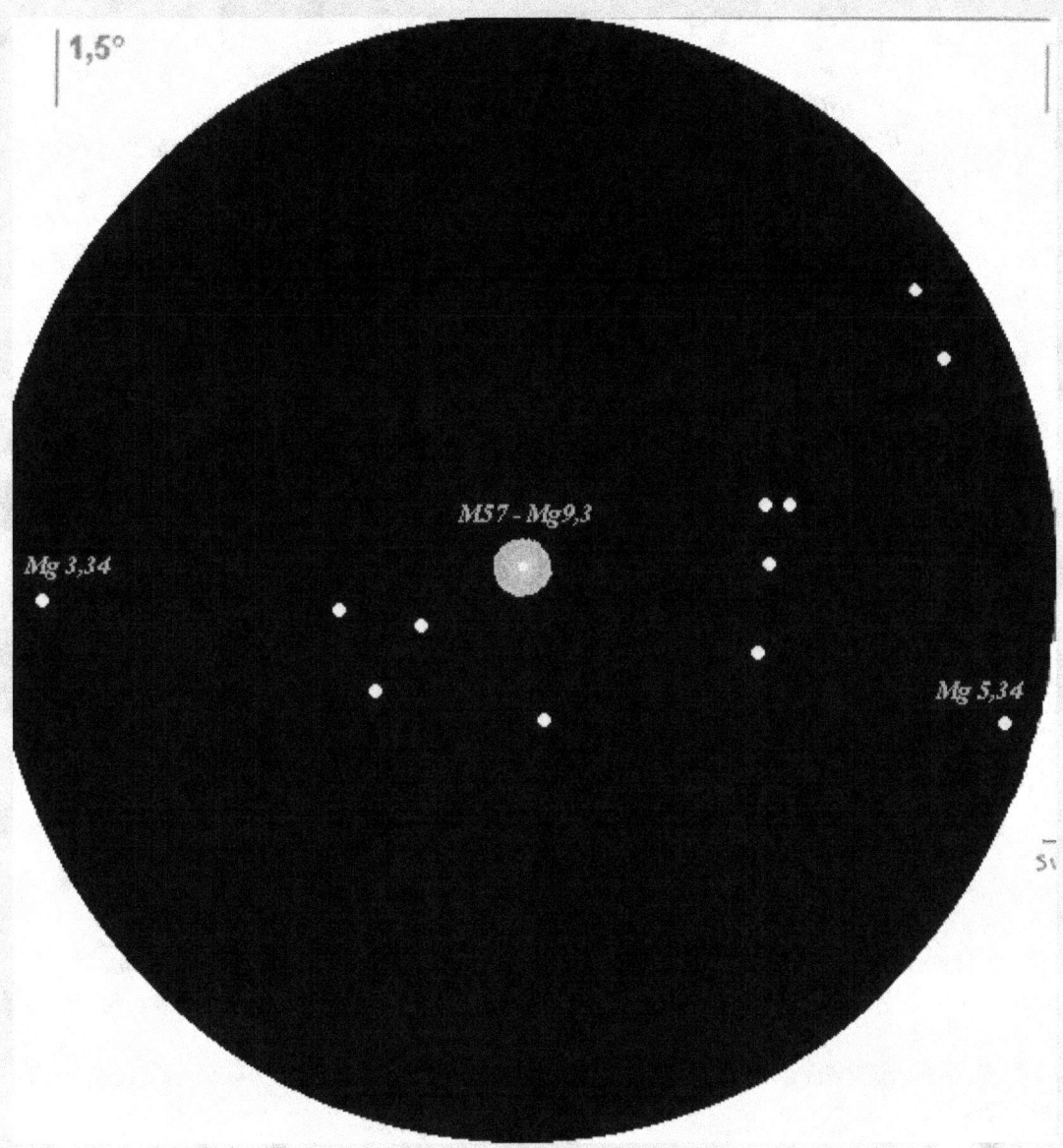

Nébuleuse Planétaire M57

VOYAGE SPATIAL VISUEL

DESSIN du haut :

Représente une étoile double, dans la queue de la Grande Ourse.
C'est le couple ''Alcor Mizar'' qui sont des étoiles doubles optiques, et que l'on peut voir à l'œil nu, à condition d'avoir une bonne vue.
*

L'étoile principale Mizar, est une véritable étoile double physique ! (qui tourne, l'une autour de l'autre)
Mais elle ne peut être dédoublée, qu'avec de gros télescopes.

DESSIN du bas :

M45, nommé, les ''pléiades''
*

Ceci, est un amas d'étoiles, très éloigné de la Terre (411 années-lumière !)
Cet amas d'étoiles, était très important dans l'antiquité.
Dés que les gens de l'époque, le voyer apparaître dans le ciel, ils se mettaient, à moissonnés les terres.
Dans certaines civilisations d'ailleurs, l'apparition des pléiades, annonce le début de la nouvelle année, et qui n'était donc pas, au premier janvier.
*

Il faut savoir aussi, que le temps n'a pas toujours était mesuré, avec une grande précision ! Et que par exemple, au moyen-âge, un Roi, dont je ne me souviens plus du nom ? Avait ordonné, d'avancer le calendrier de quinze jours !
Ce qui avait failli déclenché à cette époque, une véritable Révolution, bien avant celle de 1789 !
*

On ne joue pas avec le temps ! Car c'est sûrement la chose la plus importante à mes yeux, qui excite.
*

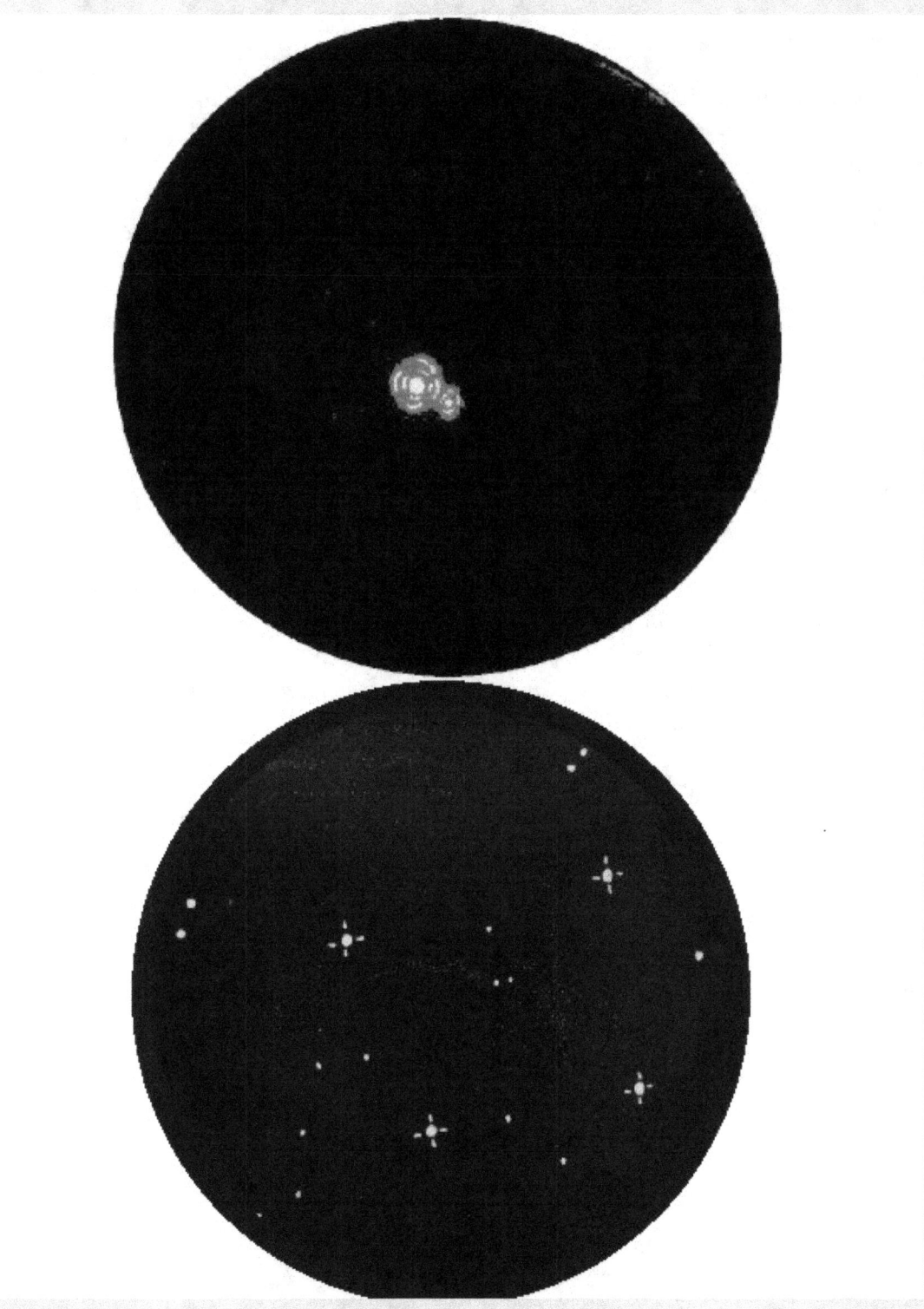

Étoile double en haut, et Les Pléiades en bas.

VOYAGE SPATIAL VISUEL   46

DESSIN du Haut :

La nébuleuse diffuse, ''M42 d'Orion'' dit aussi, ''le grand Chasseur !''
*

Et en fait !
Une pouponnière ! Où de jeunes étoiles naissent.
Car M42, et un immense nuage intersidéral, fait de poussière et de gaz interstellaire, où naissent, de nouvelles étoiles.

DESSIN du bas :

La grande Galaxie d'Andromède.
*

Alors là !
Il faut savoir, que nous partons, dans une autre dimension, puisque nous quittons notre propre Galaxie, pour partir très loin dans l'espace.
*

Quand nous regardons Andromède, nous sommes comme un voyageur intergalactique, qui voyage dans le Cosmos.
*

On remarquera, son petit compagnon à droite en forme d'olive !
C'est aussi une Galaxie, mais qui est beaucoup moins grande qu'Andromède.
*

La Galaxie d'Andromède est facilement visible à l'œil nu ! Et ce, dans la constellation du même nom qu'elle.
*

Autrement, les soirs d'automne, elle est bien visible, comme une tache lumineuse, très allongée.

VOYAGE SPATIAL VISUEL 47

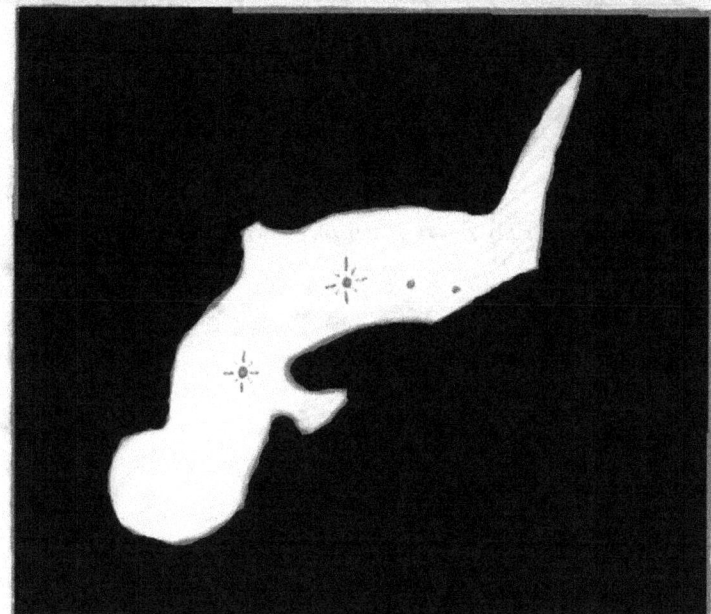

Grande nébuleuse, de la constellation d'Orion.

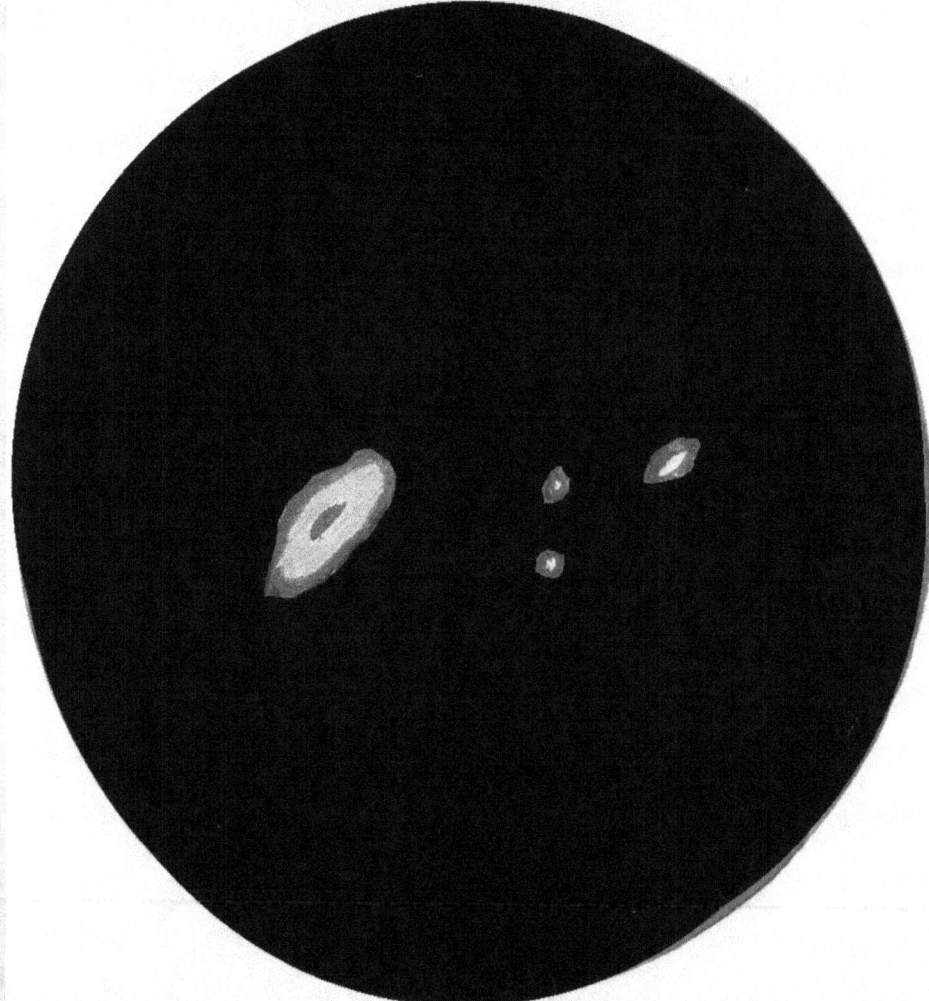

La grande Galaxie spiral d'Andromède.

VOYAGE SPATIAL VISUEL 48

Nous revenons, vers notre système Solaire.
*

Planète, Uranus.
*

La planète Uranus, se trouve très loin de la Terre.
Mais il est possible, de l'observer avec des jumelles ! À condition de savoir, son emplacement exact.
*

Toutefois !
Avec une petite Lunette, on ne verra pas plus, qu'une minuscule sphère, légèrement bleutée, et avec un peu de chance ! Croirions-nous distinguer une tache en son centre, un peu comme sur le dessin d'ailleurs où l'ont peu voir, le déplacement de la planète tous les quinze jours.
*

Uranus, est un objet très difficile à observer !
Il faut de bonnes cartes du ciel ou un bon logiciel, pour pouvoir la trouver.
Car souvent ! Uranus, vu sa Magnitude faible ? Se trouve sur un véritable tapi d'étoiles.
*

Repéré Uranus, est un peu comme vouloir, repéré une fourmi, parmi une multitude de fourmis !

(Je rappel, que la Magnitude, et la lumière des objets céleste)

VOYAGE SPATIAL VISUEL

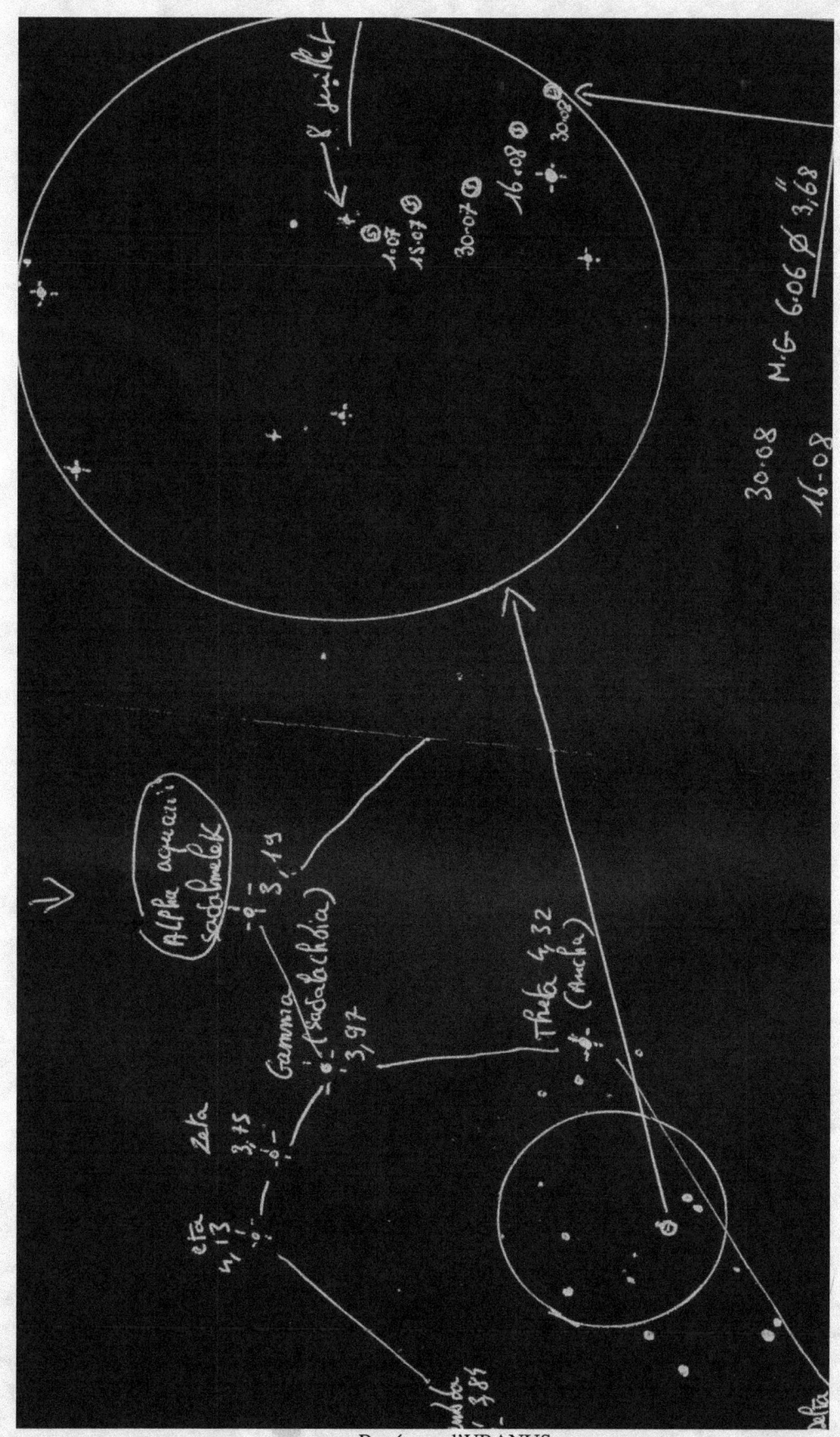

Repérage d'URANUS.

VOYAGE SPATIAL VISUEL

Neptune.
*

Vu que pluton maintenant, a était reléguer au rand d'astéroïde ?
Neptune est sûrement, la planète la plus difficile à observer !
*

N'est en moins, cela n'est pas impossible de voir Neptune, cette Planète lointaine, la preuve ?
*

Neptune est une Planète qui se voit dans un petit télescope, comme une simple étoile.
Il faut de fort grossissement de l'appareil, pour y voir autre chose que cela ?
Bien que maintenant ! Avec une photo prise sur appareil numérique, et de fort agrandissement sur logiciel, on devrait la voir comme un bon disque déjà ! Aux environs d'un centimètre, voir deux maximums, même avec une petite Lunette.
Mais pour la netteté de l'image, cela reste une autre histoire.
*

Je tiens juste à précisé,
que le diamètre apparent de Neptune, n'est que de deux secondes d'arc, seulement !!
*

Par comparaison, La Lune fait 30 minutes d'arc, soit, après un petit calcul rapide, 1800 secondes d'arc !
Nous voyons donc tout de suite, l'énorme différence entre la Lune et Neptune.

(Attention ! Les chiffres des secondes, se calculent en soixantième ! Et non pas en décimale.)

Suivie de NEPTUNE.

De simples notes, lors d'une nuit d'observation.
*

Les notes sont souvent prises à main levée et souvent dans l'obscurité où j'ai du mal à voir, le bout de mon crayon !
Mais il y a plusieurs astuces, pour rendre les observations beaucoup plus confortables.
*

Mais ! Je ne vais pas m'éterniser !
Car il faudrait des centaines de pages supplémentaires, pour les dires tous en détaillent.
*

Jusque,

a) Une simple lumière de poche rouge, évite à l'iris de l'œil, de se contracter.
Ainsi ! Vous pouvez voir les étoiles faibles et écrire en même temps !

B) Si vous travailler avec un ordinateur pour l'observation, il y a un mode nuit dessus, pour en éviter l'éblouissement.

c) Il et possible de créer une pièce spéciale pour observer avec de nouvelles méthodes, que j'ai inventées ! C'est une méthode un peu révolutionnaire dans l'observation ! Car elle consiste à observer par un carreau ?

Je la décris, dans mon nouveau livre, qui s'intitule,
" L'OBSERVATOIRE DE LA BUTTE DE RAMPILLON"
Mais Malheureusement ! Il n'est pas encore achevé et n'est pas disponible pour l'instant.
(Il y a de nombreuses mesures encore à faire sur le terrain, et des plans aussi.)

VOYAGE SPATIAL VISUEL 53

11.08.04   Repérage de NEPTUNE est URANUS.

00h30 : Amandine me réveille, je regarde par la fenêtre du Sud. Le ciel est rempli d'étoile, je vais chercher ma lunette à l'observatoire (le grenier) j'éteins ma lampe 2 secondes les étoiles sont merveille là haut.

00h45 : Le repérage de Neptune commence, avec les jumelles 7×50 mm. Je repère une petite étoile a côté de A Capricorne, s'est une étoile très faible.

1h00 : L'Observation de Neptune à la lunette n'a rien donné, si ce n'est que l'on la voit comme une étoile.

1h05 : Neptune à la jumelle se distingue comme une petit étoile, ni plus lumineuse ou moins que les autres petites.

         URANUS.

1h20 : Le ciel est tellement étoilé que j'ais du mal à trouvé le verseau.

1h45 : après de nombreuse dificulté je fini par la repérer, visible comme une bonne étoile de 6ème grandeur.

2h : à la lunette ×30 ou ×100 je n'y vois aucune diférence, comme une étoile bien brillante des Taurus !

2h15 : a la jumelle uranus est moin brillante que A mais visiblement plus brillante que B est C quant à l'étoile D elle me parais encore plus faible

2h30 Fin des Observations.

Une nuit d'observation, dans les étoiles !

VOYAGE SPATIAL VISUEL

Mars, en photos.
*

Ceci n'est pas un dessin du tout !
J'ai réalisé cette photo de Mars, avec une minuscule Lunette de 50mm d'ouverture, que l'on trouve facilement, dans touts les magasins de jouets !
*

Et puis,
J'ai agrandi la photo de nombreuses fois, avec un logiciel de retouche photo, et voilà le résultat !
*

Il faut savoir, que cette image est brute et qu'elle peut donc être, retravailler à l'ordinateur.
*

On distingue, si on y prête un peu d'attention ! Des taches sombres à la surface de Mars.
Ce son les Mers dites de Mars ! (Mais il n'y en a pas, évidemment !)
*

On notera aussi :
Un léger éclaircissement, qui est visible aussi tout en haut ! Juste au-dessus des taches sombres.
L'éclaircissement en question, que l'on peut observer et la calotte polaire, Nord de Mars.
Mais cela n'est pas évidant, dans un si petit appareille.
(50mm de Diamètre, un jouet d'enfant, c'est un véritable exploit !!)
*

Mais cette Lunette, aussi petite soit-elle, ressemble fort à la première Lunette, que posséder notre cher Galilée, ce qui en donne plus de valeur.

VOYAGE SPATIAL VISUEL

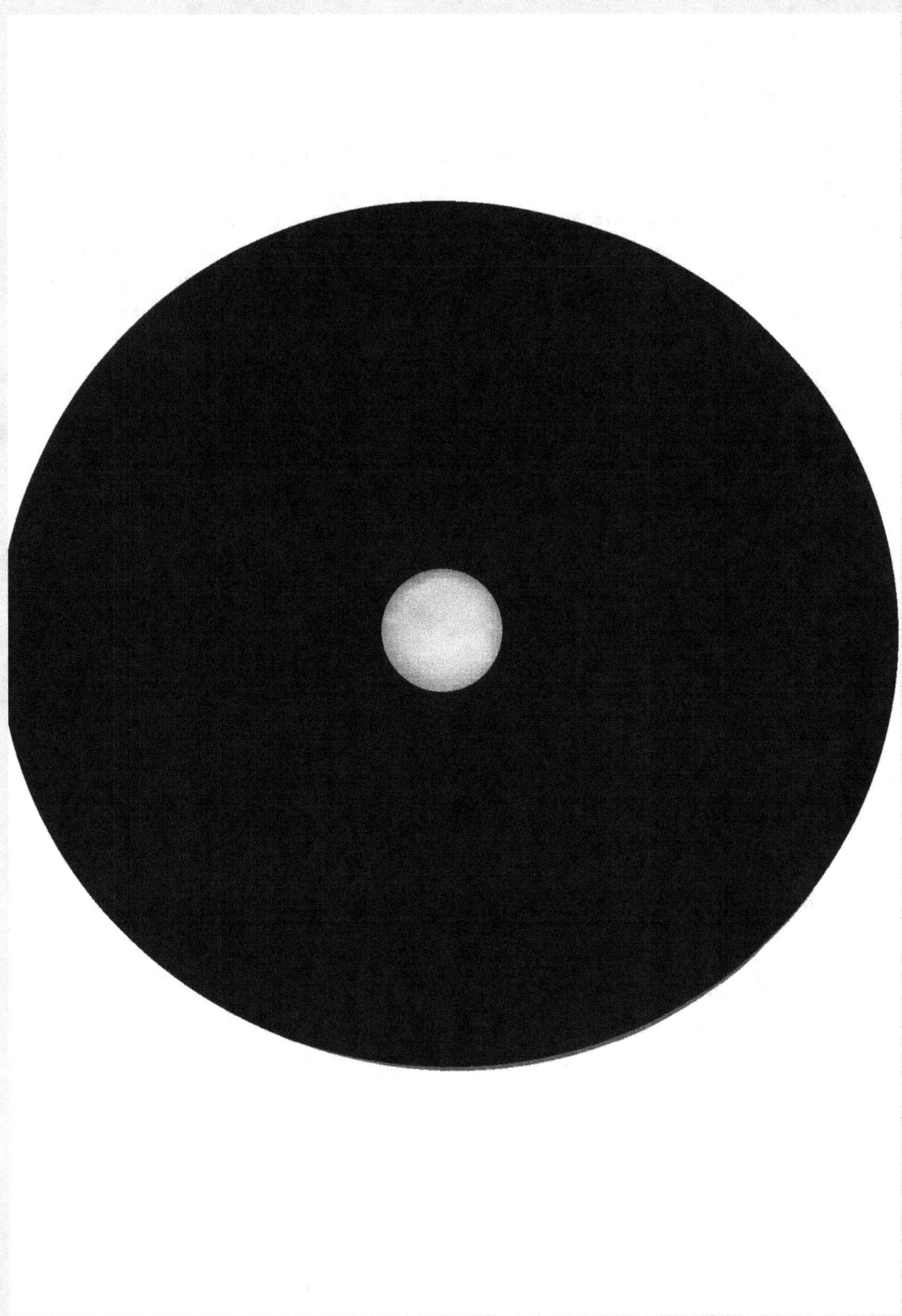

MARS, photos à la Webcam.

VOYAGE SPATIAL VISUEL   56

PHOTO du haut :

Jupiter aux jumelles.
*

On voit très bien, les quatre plus gros Satellites, pratiquement en ligne sur l'équateur de Jupiter.
La lumière de la Planète gène considérablement, la luminosité des petits Satellites. N'est en moins, avec une photo prise à la petite lunette et un bon agrandissement, il est possible, ''Avec beaucoup d'expérience et de dextérité !'' de voir une tache sombre sur les photos, de certains des satellites de Jupiter, mais cela n'est pas probant du tout à réaliser !

PHOTO du bas :

Jupiter, grossissement Maximal.
*

C'est une photo réalisée, avec un petit télescope de 115mm de diamètre, qui peut correspondre à une petite lunette.
*

On y voit très bien les deux bandes équatoriales, ainsi, que les calottes nuageuses des pôles !
Surtout celle au Nord ! En haut de Jupiter.
*

Pour arriver à faire une photo comme celle-ci ? Il faut déjà une certaine patience, et un certain savoir faire aussi !
Car la photo a était retravailler à l'ordinateur, de nombreuses fois.
*

Je suis sûr ! Quand la travaillant encore un peu, on pourrait peut-être y distinguer, qu'elles que détailles dans son Atmosphère et voir aussi, la GTR !
'' La grande tache rouge de Jupiter ''
Mais bien sûr ! Il faut que la GTR soit tourner vers la Terre, et non pas dans l'autre sens !

VOYAGE SPATIAL VISUEL 57

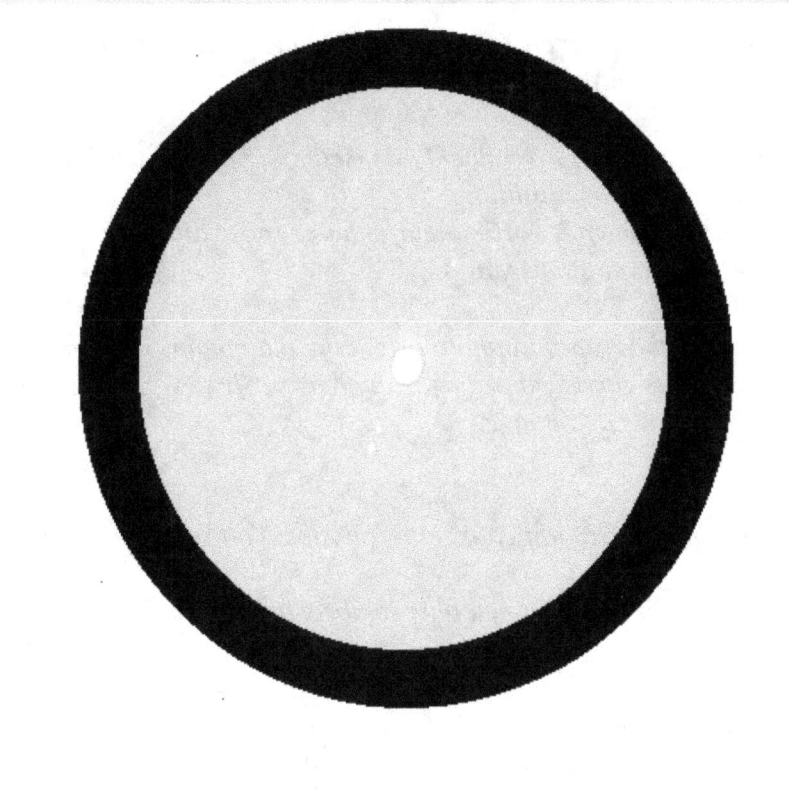

JUPITER, avec ses quatre plus gros Satellites (sous un faible grossissement)

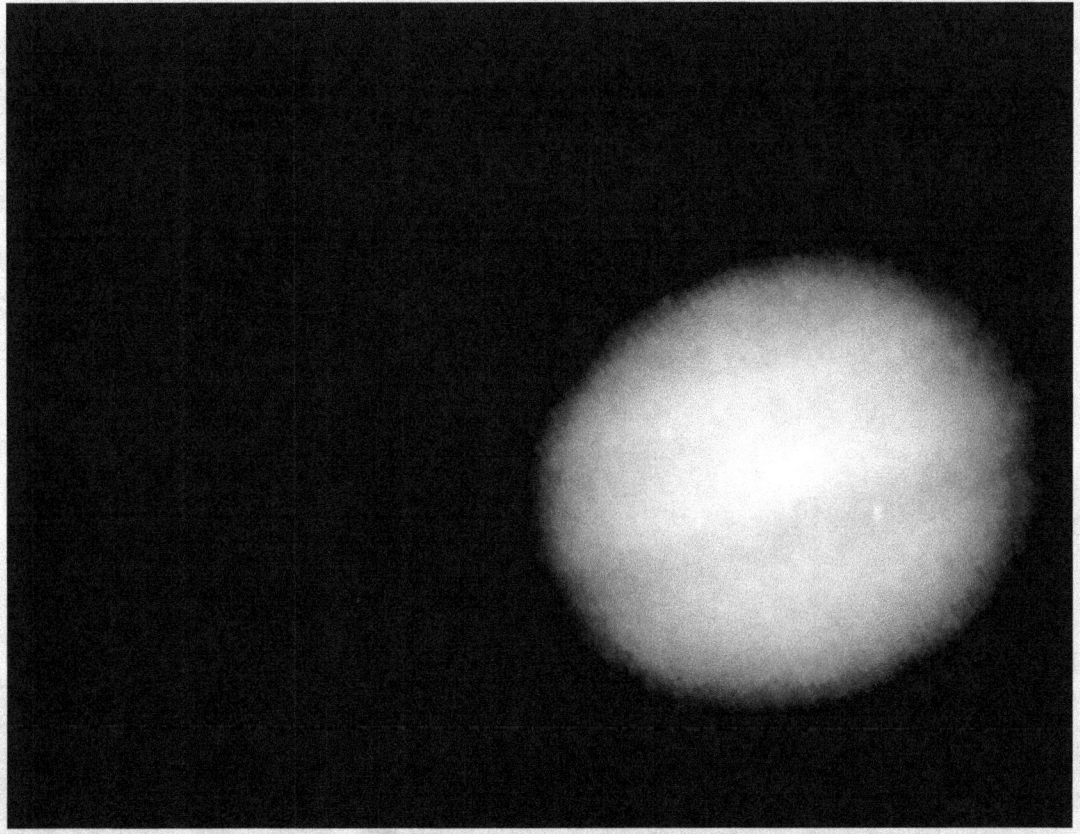

JUPITER (grossissement Maximal)

C'est fou ! Ce que l'on peut arriver à faire, avec un simple ordinateur et une petite Lunette, ainsi qu'une simple Webcam, non ?

*

Sur la photo originale, Saturne et vraiment minuscule ! Où on ne distingue ses anneaux, que presque, que par intuition !
Alors qu'après agrandissement à l'ordinateur et avoir retravaillait la photo, les détailles de Saturne devienne saisissant !

*

Il faut dire aussi, que j'ai agrandi la photo originale, d'au moins une centaine de fois ! Ce qui explique, les petits carrés en forme de damier, sur le devant de Saturne, qui sont en vérité que les pixels de l'image.

*

Autrement,
On distingue non seulement ses anneaux, mais aussi, si l'on regarde attentivement, la division de Cassini.
'' Division de Cassini, l'anneau, un peu plus sombre, qui se trouve à l'intérieur près de Saturne.''

*

On distingue aussi, des différences sur Saturne elle-même, qui sont en vérité, la calotte polaire et les bandes équatoriales, de l'atmosphère de Saturne.
Mais je dois avouer, que ce n'est pas forcément probant ! Pour une personne, qui serait peu habituer à ce genre d'image.

*

Si Galilée avait possédé un ordinateur et une petite Webcam, il aurait pu obtenir, à quelle que chose près, et ce, en 1609 ! Avec sa petite Lunette, le même résultat, incroyable non ??

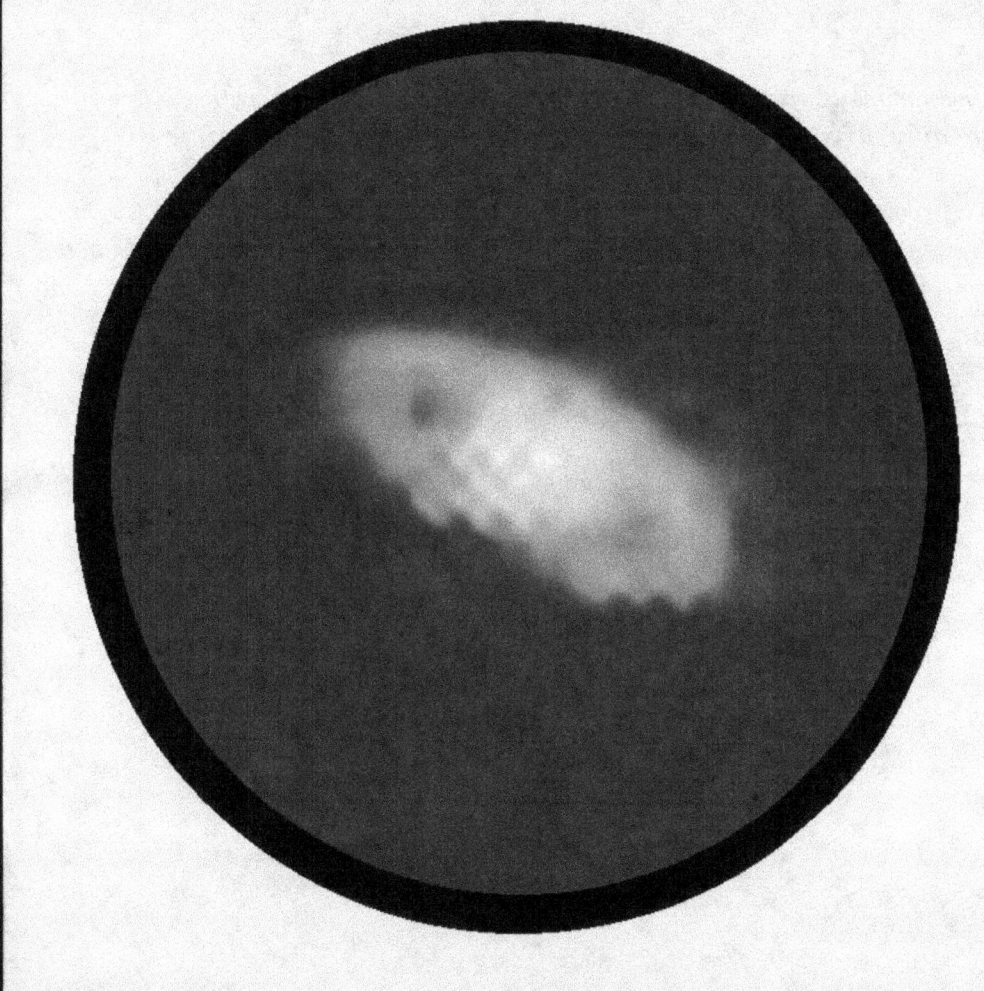

SATURNE et ses anneaux du 01.02.2005 à 18h58 TL

Toujours en photo ! Revenons plutôt verre notre Terre, avec la Lune.
*
La photo a était prise, avec une petite Lunette.
Elle est brute, et n'a pas était retravailler à l'ordinateur.
Cependant, une foule de détails est visible sur cette photo.
*
Nous survolons la région Ouest de la Lune, c'est-à-dire, en son centre.
La Mer des pluies est délimitée en bas, par l'Océan des Tempêtes, et en haut, par la Mer du Nord, que l'on peut voir de forme allongée.
*
Autrement, nous voyons très bien le Golf des iris (Sinus Iridium en Latin) petite cuvette dont les parois, sont éclairées par le Soleil et bien visible sur la photo.
Plus à droite, Plato, un immense cratère sombre, et les petites montagnes dans la Mer des pluies, juste en dessous de Plato, le cratère sombre, et le mont allongé Recti, le mont Ténériffe et le mont Pico, celui que nous avions vu, dans notre dessin de la page N° 33.
*
Les rayons lumineux visibles en bas de la photo, proviennent du cratère Copernic, et montre ainsi, la violence de l'impact du météore, qui en est à l'origine.
*
Je tiens à préciser, que le rond noir visible en bas et dans le coin supérieur droit en haut, n'est pas le disque Lunaire ! Mais le rond de l'objectif visible dans la Lunette. Autrement, il nous faudrait une photo bien plus grande, pour montrer toute la Lune entière !

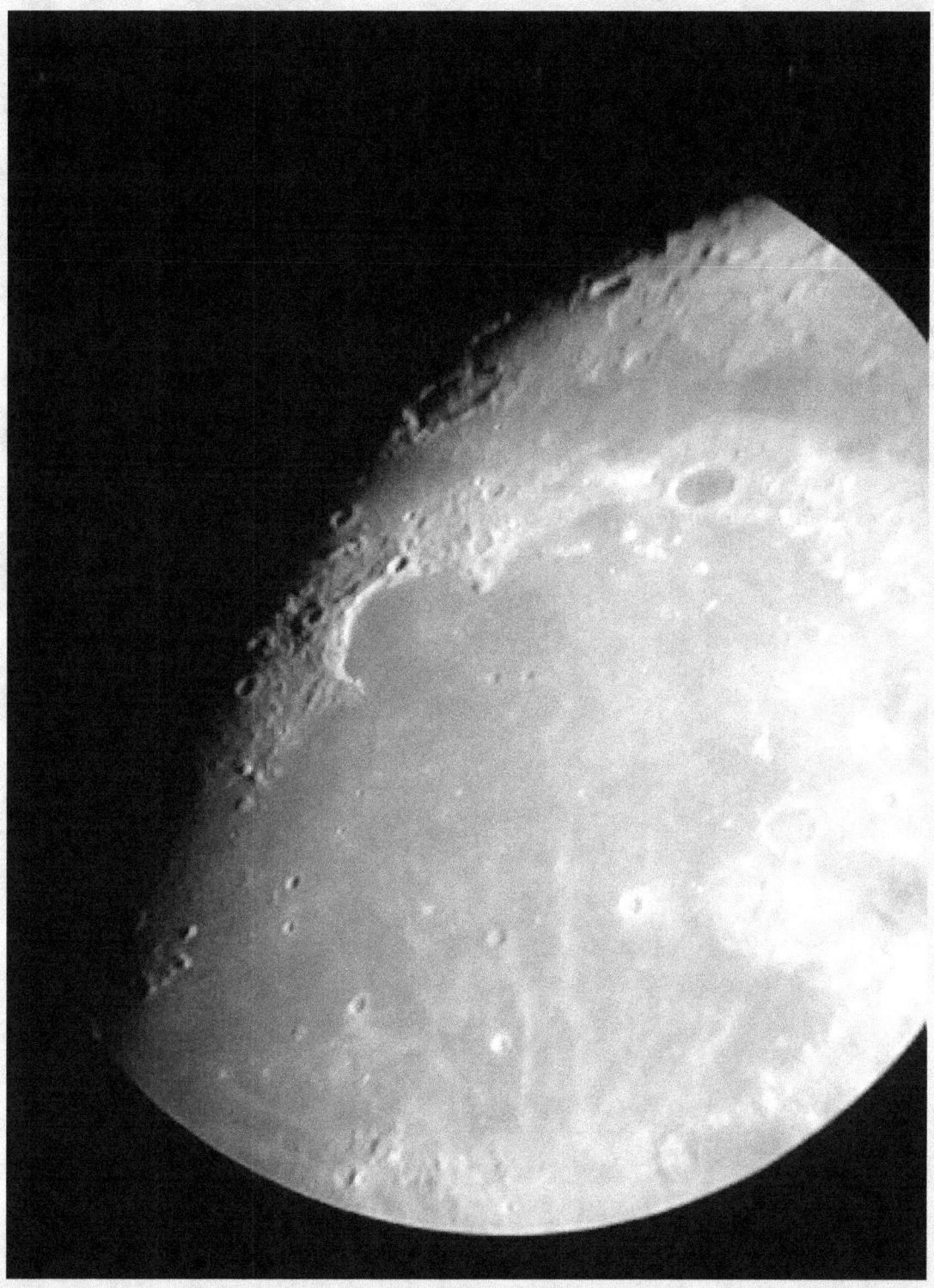

Mare Embrium ou en Français, Mer des Pluies.

Éclipse de Soleil, pris le 03.10.2005 à 10h54 TL, juste devant chez-moi.
*

La photo a était malheureusement prise, en basse résolution ! Ce qui en fait, une photo plutôt moyenne.
*

Sur une photo haute résolution, il est parfois possible, de distinguer des formations Lunaire, telles que des montagnes, se profiler sur le disque du Soleil.
*

Il faut savoir qu'il est très rare ! De voir une éclipse totale, dans des régions où la photo a était prise, c'est-à-dire, la région parisienne.
Cela est dû, à la position septentrionale de cette région.
Il faut donc descendre sur l'hémisphère, pour voir de plus en plus, d'éclipse totale.

Bref ! Plus on est proche de l'équateur, plus on a de chance de voir une éclipse totale du Soleil !
Ceci est valable également, pour les éclipses de Lune.

PS: le Soleil égale DANGER ! Ne jamais le regarder, ni à l'œil nu, et encore moins, dans un appareil optique, même avec de simple jumelles !
Renseigner vous, et demander auprès d'un opticien, qui vous orientera.
Il excite par exemple, un appareil, qui permet d'observer le Soleil, et que l'on appelle, ''un coronographe'' pas très cher à l'achat.

Éclipse du SOLEIL du 03.10.2005.

Éclipse du Soleil par la Lune, du 21.03.2015.
*

Ce jour-là ! Le ciel était peut clément, voir même, hostile à toute observation.
Le gros problème, comme se fut le cas ! C'est que la lumière filtrée par le Soleil, était changeante en permanence !
Il devient donc très difficile de prendre des photos, à cause du changement de lumière, dans les capteurs de nos appareils photographique.
D'ailleurs, on peu voir sur les photos la nébulosités des nuages.
*

Mais un ciel totalement bouché, aurait était encore bien plus pire ! Puis que rien, n'aurait put être aperçu.
*

Au moment des éclipses du Soleil, il n'est pas rare de voir des formations Lunaire, telles que des montagnes ou parfois, de gros cratères, se profiler sur le disque Solaire.
La silhouette de quelles que pic Lunaire, étaient visibles ce jour-là, juste en bas de la Lune, mais malheureusement, invisible sur les photos.
*

Il est un peu normal, de voir ce phénomène de pic Lunaire, plus au Sud sur la Lune, que sur le Nord.
Car il y a beaucoup plus, de formations Lunaire dans l'hémisphère Sud, que dans l'hémisphère Nord ! Qui est souvent composées, de mers relativement plate et lisse.
*

On notera aussi, pendant une éclipse de Soleil, la formidable chute des températures sur la Terre, qui peut-être, de plusieurs degrés, en quelles que minutes seulement !
*

Ce qui nous fait bien comprendre ? Que sans le Soleil, je donnerais pas très cher de notre peau ! C'est sûr !

VOYAGE SPATIAL VISUEL

Éclipse du SOLEIL du 21.03.2015 à 10h12 TL.

Éclipse du SOLEIL du 21.03.2015 à 10h 45 TL.

Éclipse du Soleil par Vénus, le 08.06.2004 à 08h38 TL.
*

L'éclipse du Soleil par Vénus, est très rare !
Elle ne se produit, que tous les 120 ans environ ! Et deux fois de suite à un intervalle, de huit ans.
Il ne nous faut donc pas la rater, quand elle survient.
*

Il arrive très souvent, qu'il y est des taches sombres à la surface du Soleil, appelé aussi, tache Solaire.
*

Sur la photo, on distingue deux petites taches, légèrement au centre du Soleil, juste dans le prolongement horizontale de Vénus, mais ils sont presque invisibles.
*

Parfois, les taches Solaires, sons énormes à la surface de celui-ci et peuvent atteindre, la taille de Vénus, que l'on peut voir sur la photo, mais ils sont bien moins arrondis et parfois sont visible, en forme de traînées, un peu comme une fumée de cheminée !
*

Les taches Solaire apparaissent par période, et ont un cycle d'environs onze ans.
*

Des flux de matières s'échapperaient par ses taches, et causeraient, des bouleversements climatiques sur la Terre.
*

Il y aurait-il une corrélation probante, entre les taches Solaire et le temps en général sur la Terre ?
Il faudrait peut-être le vérifier ?
Moi, je pense que c'est possible, d'après, mais observations météorologiques et astronomiques.
Mais cela reste à le vérifier.

Ps: TL veut dire temps local.

VOYAGE SPATIAL VISUEL 67

Éclipse du SOLEIL par la Planète Vénus.

VOYAGE SPATIAL VISUEL

PHOTO du haut :
La même éclipse, vue avec un grossissement plus fort.
Évidemment, le Soleil est très peut, voir même pas du tout assombrie, par un aussi petit disque, venant passer devant lui ?
*

Bien que la planète Vénus, soit bien plus grosse que la Lune, sa distance à la Terre est beaucoup plus éloignée.
De ce fait, Vénus paraît être qu'un tout petit disque, comme sur la photo, quand elle passe devant le Soleil.
Selon l'inclinaison des orbites de la Terre et de Vénus, parfois, Vénus ne fait que "mordre" légèrement le Soleil.
*

Sur la photo, on imagine l'énormité du disque Solaire, par apport aux planètes !
La Terre aurait à peu près la même taille, à la place de la planète Vénus.
Mais le Soleil, malgré sa monstruosité ! Nous protège du froid sidéral.
Il faut savoir que sans notre Soleil, non seulement les mers sur la Terre seraient gelées, mais notre atmosphère le serait aussi ! Vu qu'elle contient de l'eau.
Ce qui tient à dire que sans le Soleil, on aurait une couche de glace au-dessus de notre tête, d'une épaisseur d'environs de 10.000 mètres ! (10 Km)
Incroyable non ??
Les Dieux, c'est bien ? Mais sans le Soleil, la vie n'existerait même pas, c'est plus que sûr !

PHOTO du bas :
Une de mes toutes premières photos réaliser à la Webcam.
Sympa non ??

*

Bon allez !
On rentre à la maison !
J'espère que vous avez fait, un agréable voyage ?
Merci et à bientôt peut-être ! Pour un nouveau voyage spatial,
L'auteur.
*

Petit récapitulatif,
On divise la distance de l'astre observé, par le grossissement de l'appareil, pour avoir le point visuel spatial ! Et si vous agrandissez vos photos, vous diviser cette distance, par l'agrandissement, que vous avait réaliser vous-même, pour avoir, votre nouveau point visuel spatial.
Soit la formule suivante,
D/G/A=PvS (distance divisée par grossissement divisé par agrandissement = point visuel Spatial)

Éclipse du SOLEIL par Vénus le 08.06.2004 à 12h52 TL

Première photo de la Lune prise à la Webcam

COSMOLOGIE

Je suis peut-être à l'Astronomie, ce que Darwin est à la Zoologie ! Mais conviction sons les miennes et n'engage donc, que moi ! Après de nombreuses observations et documentations de touts de sortes, les voici : D'abord, pour moi ! Les trous noirs n'existent pas ? Mais sons une simple accumulation de matière stellaire, par un astre donné.

Les seuls trous existent dans l'Univers, sons les troues de verre, don Albert Einstein en avait pressentit la présence, dans ses calculs.

Notre Univers ressemble donc, à un ballon, don la matière issu du big-bang originel, c'est transformait en Galaxies, à atteint les limites du cosmos et finisse par se coller ! Sur les parois de ce ballon. Un peu à la manière, d'une gigantesque bulle de savon ?

Puis après, qu'elle que matière infime se trouvent '' au bon endroit et au bon moment ! '' C'est-à-dire, se trouvent juste, devant le ou les trous de verre du ballon, vont être catapultés par l'intermédiaire de ces derniers, dans un nouvelle Univers qui au démarrage est vide.

Ainsi, un nouveau big-bang dans ce nouveau Univers, verra le jour, comme se fut le cas pour le nôtre, il y a 13 Milliards d'années.

La densité de cette matière infime au démarrage, va se retrouver multiplier des milliards de fois, en passant dans le trou de verre, soit, en se chargent au passage de matière résiduelle, se trouvent dans le ou les trous de verre, où soit, par l'accélération incalculable de la matière, qui engendre des réactions encore inconnues ! Au niveau de sa propre densité et donc de sa matière.

À vrai dire, nous ne savons pas du tout ce qui se passe, dans un trou de verre dans l'Univers !

Vu la taille de l'Univers et celui du prochain ! On imagine sans trop de difficultés, le ''courant d'air'' Géant ! Ou plutôt ! Le courant de matière, qui doit se trouver à l'intérieur du ou des trous de verre. C'est tout bonnement, inimaginable ?

C'est pourquoi, je pense que le déboucher de la matière, qui atteint un trou de verre, doit sûrement déboucher sur un nouveau big-bang, telle que se fut le cas pour nous.

Donc ! Si on fait, un récapitulatif : L'Univers et en forme de ballons, le prochain Univers sera, ou est déjà, en forme de ballon ! Et notre propre Univers à nous, vient déjà d'un Univers en forme de ballon.

Tous les Univers viennent et s'étendent, vers la même forme, et le Big-Bang, est la matière catapulté par le ou les trous de verre ! Mais le but, reste et restera sûrement un grand mystère ! Qu'aucune fusée ou sonde au monde, ne pourra jamais percer, c'est sûr !

Certaines civilisations du passée, étaient persuadées ! Que l'on se trouver à l'intérieur d'un gigantesque corps humain, mais que nous étions tellement petits ! Que pour nous ! Ils nous en étaient impossibles d'en sortir et effectivement ! L'idée était séduisante, mais un peu puérile quand même ?

Je pense que de dire, que nous venons d'un autre Univers avant le big-bang et qu'une infime partit de matière, partira ou est déjà partit, dans un autre Univers, cela me paraît plus que suffisant déjà ?

La Cosmologie, dépasse souvent l'entendement Humain ! C'est pourquoi ! Il vaut mieux parfois pour ne pas perdre pied, garder les nôtres, sur notre BONNE VIEILLE TERRE.

FIN

VOYAGE SPATIAL VISUEL 71

Photo de la plaine Lune, réalisée dans le parc d'un château.

La plaine Lune blafarde, aime jouer à cache-cache ! Parmi les ruines et les châteaux.

BIBLIOGRAPHIE

Couverture recto a) et b) : de l'auteur

Couverture verso a) et b) : de l'auteur

4eme de couverture : de l'auteur

Page :

1,2,3,5,6,7,8,9,10,11,12,13,14,15,16,17,18,19,20,21,22,23,24,25,26,27,28,29,30,31,32,33,34,35,36,37, 38,39,40,41,42,43,44,45,46,47,48,49,50,51,52,53 : de l'auteur

Page : 5 : Camille Flammarion, Astronomie Populaire de 1880

Catalogue de fin : de l'auteur

Page : 3

Poème de Amandine ma fille et de moi même.

Toutes Photos : de l'auteur

*

Éditeur :
BOD-BOOKS on Demand
12-14 rond point des Camps élisées
75008 Paris, France
Impression :
BOD-BOOKS on Demand, Norderstedt,
Allemagne

Droits d'auteur:
Toute reproduction intégrale ou partielle, par quelque procédé que ce soit,
Du texte ou du contenu dans ce présent ouvrage, et qui sont la propriété de l'auteur,
Est strictement interdite,
Toutes ressemblances avec des personnes existantes ou ayant existés ne seraient que fortuites,
Et seraient indépendant de la volonté de l'auteur, qui ne pourrait en être tenu pour cause,
Ce livre, n'est que l'imaginaire de l'imagination de l'auteur,
Avril 2016.

www.ingramcontent.com/pod-product-compliance
Lightning Source LLC
Chambersburg PA
CBHW081814220526
45470CB00006B/2311

Le livre, VOYAGE SPATIAL VISUEL
Un petit voyage dans l'espace, pour les amoureux du ciel.
Avec de nombreux dessins et qu'elles que photos, qui on était réalisé, avec de petits appareils que l'on trouve facilement, chez les marchands de jouets ! T'elle que des petites jumelles ou de petites longues-vues.
Démontrant ainsi par les lois simples de l'optique, que Galilée avec sa première lunette, (Qui n'était qu'une simple longue vue, de pirates améliorée ?) que sans se rendre compte ! Galilée fut le premier homme, à voyager dans l'espace par la vue, voyage ! Que je vous invite donc à refaire.

8.99 EUR

www.bod.fr
Dépot légal 05-2016